Vorträge auf dem Kolloquium des
Forschungsbereiches Geo- und Kosmos-
wissenschaften, der Klasse Physik und der
Klasse Geo- und Kosmoswissenschaften der
AdW der DDR anläßlich des 60. Geburtstages
von Hans-Jürgen Treder, Ordentliches Mitglied
der Akademie der Wissenschaften der DDR
am 8. September 1988

Herausgegeben im Auftrage
des Präsidenten der Akademie
der Wissenschaften der DDR
von Vizepräsident Prof. Dr. Hans-Heinz Emons

ISBN 3-05-500814-6
ISSN 0138-3965

Erschienen im Akademie-Verlag Berlin, Leipziger Straße 3–4, DDR-1086

Printed in the German Democratic Republic
Gesamtherstellung: VEB Druckhaus Köthen
LSV 1105
Bestellnummer: 764 1200 (2010/89/10/N)

Inhalt

Heinz Kautzleben

Eröffnung und Begrüßung

Verehrte Anwesende!

Vor wenigen Tagen, am 4. September 1988, konnte das Ordentliche Mitglied der AdW der DDR Herr Professor Dr. rer. nat. habil. Dr. rer. nat. h. c. mult. Hans Jürgen Treder, Direktor des Einstein-Laboratoriums für Theoretische Physik der AdW, Vorsitzender des Einstein-Komitees und des Einstein-Kuratoriums der AdW, sein 60. Lebensjahr vollenden.

Der Leiter des Forschungsbereiches Geo- und Kosmoswissenschaften der AdW hat gemeinsam mit den Vorsitzenden der beiden Klassen Geo- und Kosmoswissenschaften und Physik zum heutigen Kolloquium eingeladen, um Hans-Jürgen Treder als hervorragende Persönlichkeit des wissenschaftlichen und gesellschaftlichen Lebens der DDR anläßlich seines Ehrentages entsprechend den bewährten Gepflogenheiten der Wissenschaft zu beglückwünschen, zu würdigen und Dank zu sagen.

Werte Kollegen und Freunde! Im Namen der Veranstalter begrüße ich Sie sehr herzlich und danke Ihnen, daß Sie unserer Einladung zu diesem Kolloquium gefolgt sind.

Vor allem und mit ganz besonderer Herzlichkeit begrüße ich – sicher in Ihrer aller Namen – unseren Jubilar.

Mit Ihrem Erscheinen bekunden Sie alle, verehrte Anwesende, Ihre Verbundenheit mit unserem Jubilar. Sie haben mit Hans-Jürgen Treder zum Teil bereits über viele Jahre, ja Jahrzehnte eng zusammengewirkt und sind mit ihm kollegial, ja freundschaftlich verbunden.

Der Kreis der Teilnehmer am Kolloquium widerspiegelt in gewisser Weise die vielfältigen Betätigungsfelder von Hans-Jürgen Treder. Am Kolloquium nehmen teil: Akademiemitglieder, nicht nur diejenigen, die in den beiden Klassen Physik und Geo- und Kosmoswissenschaften wirken; die Mitglieder des Einstein-Komitees unserer Akademie; Vertreter der Institute des Forschungsbereiches Geo- und Kosmoswissenschaften, zu dem das Einstein-Laboratorium gehört, und weiterer Institute und Einrichtungen der AdW, Kollegen und Vertreter aus Universitäten und Hochschulen.

Anwesend sind führende Vertreter des gesellschaftlichen Lebens, insbesondere des Bezirkes und der Stadt Potsdam, Ihnen möchte ich im Namen der Veranstalter besonders für ihr Erscheinen danken. Anwesend sind selbstverständlich Schüler und Mitarbeiter des Jubilars. Bei weitem nicht alle, die gern teilnehmen wollten, konnten wir aus Platzgründen einladen. Diese werden sicher noch Wege finden, dem Jubilar ihre Grüße und Glückwünsche zu überbringen.

Verehrte Kollegen!

Ihnen allen ist Hans-Jürgen Treder sehr gut bekannt, und jeder von Ihnen schätzt ihn als Persönlichkeit ebenso wie er an ihm einzelne Wesenszüge und Leistungen ganz besonders liebt und würdigt.
Ich möchte mir lediglich erlauben, Ihnen zu Beginn des Kolloquiums einige Fakten aus dem Lebensweg unseres Jubilars in Erinnerung zu rufen.
Hans-Jürgen Treder wurde am 4. 9. 1928 in Berlin geboren.
Er hat sein ganzes bewußtes Leben mit der Partei der Arbeiterklasse verbunden, der er seit 1945 angehört.
Er studierte Mathematik/Physik/Philosophie von 1946 bis 1953, zuerst an der Technischen Hochschule Charlottenburg, ab 1948 an der Humboldt-Universität Berlin.
Er hat an der Humboldt-Universität Berlin zum Dr. rer. nat. 1956, zum Dr. rer. nat. habil. 1961 promoviert.
1961 begann seine Tätigkeit in der Akademie der Wissenschaften, zunächst als wissenschaftlicher Mitarbeiter, 1962 wurde er Bereichsleiter, 1963 Direktor am Institut für Reine Mathematik der AdW. Gleichzeitig mit Beginn der Tätigkeit in der Akademie wurde er Dozent, 1963 dann Professor für Theoretische Physik an der Humboldt-Universität Berlin. Mit Freude und Stolz verweist Hans-Jürgen Treder darauf, daß er bis heute noch die Professur an der Humboldt-Universität innehat. 1966 wurde er zum Direktor der Sternwarte Babelsberg berufen. 1969 übernahm er als Direktor die Leitung des neugebildeten Zentralinstitutes für Astrophysik und zugleich auch die Leitung des ebenfalls neueingerichteten Forschungsbereiches Kosmische Physik der Akademie der Wissenschaften. Als Leiter des Forschungsbereiches war er bis 1972 tätig, als Direktor des Zentralinstituts für Astrophysik bis 1982. Seitdem ist er Direktor des Einstein-Laboratoriums für Theoretische Physik, das auf seine Initiative im Rahmen des ZIAP entstand und seit 1982 selbständig ist.
Hans-Jürgen Treder wurde am 9. Juni 1966 zum Mitglied unserer Akademie, und zwar sofort zum Ordentlichen Mitglied, gewählt.
Er wurde zum 7. 10. 1971 mit dem Nationalpreis I. Klasse für Wissenschaft und Technik der DDR ausgezeichnet. Er ist „Held der Arbeit" und Träger des Vaterländischen Verdienstordens in Bronze und in Silber.
Hans-Jürgen Treder ist Ehrendoktor der Technischen Universität Dresden und der Pädagogischen Hochschule „Karl Liebknecht" Potsdam.

Er ist Auswärtiges Mitglied der Tschechoslowakischen und der Slowakischen Akademie der Wissenschaften.
Als seine wissenschaftlichen Arbeitsgebiete nennt Hans-Jürgen Treder: Mathematische und Theoretische Physik, Gravitations- und Feldtheorie, Kosmologie, Wissenschaftsgeschichte.
Die Zahl seiner Veröffentlichungen ist so groß, daß sie nicht mehr exakt ermittelt werden kann. Viele sind in fremde Sprachen übersetzt worden. Wir verdanken Hans-Jürgen, daß das Erbe von Albert Einstein in der DDR in einzigartiger vorbildlicher Weise gepflegt wird.
Mit Recht ist er stolz darauf, die traditionsreiche Zeitschrift „Annalen der Physik" als Chefredakteur zu neuer Ausstrahlungskraft geführt zu haben.
In den nachfolgenden Vorträgen wird der Versuch unternommen, Persönlichkeit und Werk von Hans-Jürgen Treder zu würdigen. Dafür möchte ich den Vortragenden bereits jetzt sehr herzlich danken. Ich weiß, daß jeder von ihnen auch einige persönliche Gedanken zu Hans-Jürgen Treder sagen wird.
Gestatten Sie mir ebenfalls einige wenige persönliche Worte:
Hans-Jürgen Treder war der erste Leiter unseres Forschungsbereiches und ist seit 22 Jahren Leiter von Einrichtungen, die zu unserem Forschungsbereich gehören. Er ist von Anfang an bis heute Mitglied des Wissenschaftlichen Rates für das Forschungsprogramm Geo- und Kosmoswissenschaften und Vorsitzender des Wissenschaftlichen Rates für die Hauptforschungsrichtung Astrophysik. Hans-Jürgen Treder war und ist entscheidend beteiligt an der Gestaltung und Ausgestaltung der wissenschaftlichen Entwicklung insbesondere der Astrophysik und der Kosmologie in der DDR. Seine Ratschläge sind von hohem Wert. Sie sind stets von tiefer Einsicht in den wissenschaftlichen Gehalt und von Weitblick geprägt. Für den jetzigen Direktor des Zentralinstituts für Astrophysik und den jetzigen Leiter des Forschungsbereiches Geo- und Kosmoswissenschaften ist er stets als engagierter Kollege und freundschaftlicher Berater verfügbar.
Vor allem dafür möchte ich Dir, lieber Hans-Jürgen, anläßlich Deines Ehrentages ganz herzlich danken.

Robert Rompe

Laudatio

Unser Freund Hans-Jürgen Treder, zu dessen 60. Geburtstag wir dieses Kolloquium veranstalten, gehört meiner Meinung nach zu den *bemerkenswertesten* und *interessantesten* Vertretern unserer heutigen Welt der Wissenschaft.
Er sieht sich selbst – Ritter zitierend – als Physiker. Das gilt bestimmt in dem *weiteren* Sinne, wie Helmholtz oder Heisenberg es auch von sich gesagt haben könnten.
Als ich ihn – es war wohl Ende 1945 oder Anfang 1946 – zum ersten Mal gesehen habe, war er noch Primaner am Mommsen-Gymnasium in Berlin-Charlottenburg. Er brachte einen umfangreichen Briefwechsel mit, den er damals über Probleme der Relativistischen Physik mit Heisenberg und Weizsäcker führte. Es war auf der Hand liegend, daß er ein ungewöhnlich befähigter junger Mensch war, wobei natürlich seine spätere Orientierung auf bestimmte Gebiete von Wissenschaft und Technik, Mathematik, Mechanik, Astrophysik, Theoretische Physik noch nicht abzusehen war. Bemerkenswert war seine große Belesenheit über Mathematik, Physik hinaus.
Er wohnte damals in Westberlin an der Heerstraße. Das Mommsengymnasium, das er besuchte, war zu meiner Zeit – 20 Jahre vor ihm – noch in der Nähe vom Wittenbergplatz in der Wormser Straße. Zu Treders Zeiten war es bereits – mit Betonung der sportlichen Note – nach Eichkamp umgezogen. Wir haben aber beide Griechisch bei demselben hervorragenden Lehrer gehabt, Karl Möller, an den wir beide mit großer Dankbarkeit zurückdenken.
Es war klar, daß Jürgen Physik und Mathematik studieren sollte. Er ließ sich für Physik an der TU Charlottenburg immatrikulieren, wechselte dann 1948 an die Humboldt-Universität, wie er selbst schrieb: um Philosophie der Physik zu studieren.
Ich verlor ihn zeitweilig aus den Augen, interessierte mich natürlich laufend für ihn und konnte über meinen Freund F. Möglich, zu dessen Studenten er als angehender Theoretiker und Doktorand (Aspirant) ja gehörte, immer wieder etwas über ihn erfahren. Leider war es zunächst wenig Erfreuliches, da er an vielen und komplizierten Krankheiten litt, wobei er offenbar damals die Fähigkeit erworben hat, damit zu leben und das Interesse am Leben

und an der Wissenschaft doch nicht zu verlieren (allerdings ohne sich den Kollegen Medizinern zu sehr auszuliefern).
Ich erfuhr so, daß er sich intensiv für Mathematik interessierte, dann wieder für Philosophie, natürlich immer für Theoretische Physik, speziell für Relativistische Physik, über die man nach H. Weyl „nur in der Sprache der Tensor-Rechnung sprechen kann." Dann entdeckte ich ihn unter den maßgeblichen Mitarbeitern der Stichworte des Mathematischen Wörterbuches von J. Naas und H. L. Schmidt, zu dessen Qualität auf dem Gebiet der Theoretischen Physik er zweifellos durch seine Mitarbeit erheblich beigetragen hat.
In dieser Zeit hat sich offenbar eine über das *fachliche hinausgehende* Spezifik seiner wissenschaftlichen Betätigung herausgebildet, die Fähigkeit zu *historisch-kritischer*[1] Behandlung wissenschaftlicher Fragestellungen, die er seither zu einer hohen Perfektion entwickelt hat. Eine heute besonders wertvolle Fähigkeit der qualifizierten Abschätzung der wissenschaftlichen Bedeutung eines theoretischen Ergebnisses — unbeeinflußt von subjektiven Faktoren wie Profitinteressen und Konkurrenzkampf kapitalistischer Unternehmen oder analog wirkender Effekte, die aus der Trägheit der in der Forschungsausrüstung steckenden Investitionen und der Auseinandersetzung innerhalb der Wissenschaft resultieren können. — M. Steenbeck zu Fragen der Bedeutung wissenschaftlicher Unternehmen.[2]
Hans-Jürgen Treder hat in den letzten Jahrzehnten viele historisch-kritische Arbeiten über wesentliche Gebiete der Physik hervorgebracht. Am bekanntesten ist die von ihm stammende Würdigung der „Großen Berliner Physik", die im gerade vergangenen Jahre des Berlin-Jubiläums eine bedeutende Rolle gespielt hat.
Die historisch-kritische Sichtung von Wissenschaftsgebieten hat wie gesagt zunehmend an Bedeutung gewonnen. Dafür gibt es viele Gründe, von denen ich nur einige anführen will.
Der Umfang der exakten Wissenschaften ist, vor allem seit dem Aufkommen der elektronischen Datenverarbeitung und Rechentechnik enorm gestiegen, was zu einem Anschwellen des Weltfundus an fertigen Ergebnissen geführt hat.
Hierbei ist es allerdings auch zu neuen Problemen gekommen: Der historische Horizont der Bearbeiter hat sich auf wenige Jahre (5—7) zusammengezogen, mit der Begründung, daß ältere Ergebnisse methodisch nicht modern-

[1] Man denke an E. Mach „Die Mechanik historisch-kritisch dargestellt" und die außergewöhnliche Bedeutung für die Entwicklung der Physik.

[2] Ich erinnere mich an einen Ausspruch von Max Steenbeck aus den 50er Jahren Es sei doch sehr schwer den Wert einer wissenschaftlichen Arbeit zutreffend einzuschätzen, wenn der Aufwand für die Realisierung über 100 Millionen beträgt. Gut und schlecht bei wissenschaftlichen Ergebnissen gibt es nur, wenn es sich um gleiche Summen handelt.

sten Bedingungen genügen. So kommt es, daß mit einer so kurzen Periodizität ganz oder teilweise bekannte Dinge in der Wissenschaft wieder als Neuheiten auftauchen.

Das gilt auch für die applikative Sphäre, wenn auch hier durch neue technologische Möglichkeiten auch aus älteren Ergebnissen immer wieder Nutzen gezogen wird.

Eine weitere Komplikation ist, daß der Einsatz der modernen elektronischen Bearbeitungsmethoden Veranlassung gibt und die Möglichkeit schafft, viele Wissenschaftler mit zweifellos erfolgreich bewältigbaren Aufgaben zu beschäftigen, ohne daß von vornherein eine klare Aussage über den tatsächlichen Erkenntniszuwachs oder gesellschaftlich nützliche neuartige Applikationen gemacht werden kann.

Die Stärke unseres Freundes Hans-Jürgen Treder liegt darin, daß er die Übersicht über die wissenschaftliche Gesamtsituation niemals aufgegeben hat und immer wieder neu aufkommende Entdeckungen in das Gesamtbild unserer gesicherten Erkenntnis einzuordnen sich bemüht und dazu auch imstande ist. Denn die permanente Aussonderung wertvoller Bestandteile aus dem massenhaften Anfall wissenschaftlicher Ergebnisse ist eine Frage, die im Rahmen der von der Gesellschaft der Wissenschaft eingeräumten Betätigungsmöglichkeit und Bewegungsfreiheit unbedingt beachtet werden muß.

Diese historisch-kritische Durchmusterung ist Voraussetzung für brauchbare Prognosen, wie sie heute häufig gefordert werden.

Als der „namhafte Relativist" A. Papapetrou nach Berlin berufen wurde, fand H.-J. Treder sich bald in dessen Schülerkreis. – Ich habe nachträglich den Eindruck, er war sein einziger Schüler in Berlin. Promotion und Habilitation folgten dann nach und nach, nach Maßgabe seines Gesundheitszustandes.

Die beiden Interessengebiete H.-J. Treders, Mathematik und Philosophie, kann man als für die Physik entscheidend ansehen, insbesondere wenn man der Physik einen spezifischen Aspekt der Erfassung der Wirklichkeit, unabhängig und nicht deckungsgleich mit Mathematik und Philosophie, einräumt.

Es gilt natürlich immer, was Helmholtz über das Verhältnis des Wissenschaftlichen- und des Alltagsdenkens gesagt hat. Die Philosophie kann man wohl als Quintessenz der Erfassung der Wirklichkeit mit den Methoden des Alltagsdenkens ansehen, wobei im Gegensatz zum physikalischen Vorgehen die einzelnen Bestandteile nicht linearisiert und verselbständigt werden, sondern man bestrebt bleibt, den funktionalen Zusammenhängen gerecht zu werden. Das philosophische Denken und seine Begriffe sind *umfassender* als die physikalischen, das physikalische Vorgehen ist leistungsstärker im quantifizierten Aspekt und in der interpretationsfreieren Weitergabe, ist aber enger, da es immer manches „vernachlässigt", „*wegläßt*".

Die klassische Physik, so wie wir sie von Galilei, Newton, Euler hinterlassen

erhalten haben, stellt die Wirklichkeit erheblich vereinfacht dar. Das Pendelgesetz, nach dem die Schwingungsdauer von der Amplitude unabhängig ist, gilt doch nur für kleine Amplituden. Und die Geräte, die dieses Gesetz für Zeitmessungen nutzt, sind so gebaut, daß sie dieser Bedingung genügen. Im Geschehen der Wirklichkeit, wie sie uns im Alltag begegnet, gibt es aber solche linearen Phänomene im Bereich der makroskopischen Dinge nur sel-
Unsere artifizielle Wirklichkeit, die Technik, wird hingegen so gestaltet, daß sie auf den vereinfachten Aussagen aufbaut und dadurch „reparaturfreundlich" ist. – Man kann jeden Teil einer Maschine herausnehmen und reparieren, und nach Wiedereinsetzen funktioniert der Apparat unbesehen. *Das kann die Natur im allgemeinen nicht!:* Die Rechtfertigung für das Vorgehen der Physik ist die Technik.

Eine Erkenntnis, die H.-J. Treder früh gewonnen hat, war, daß die Simplifikation, die die Anwendung mathematischer Methoden auf das hochkomplexe Geschehen in der Wirklichkeit fordert, auf der anderen Seite von einer unendlichen Mannigfaltigkeit der Kombinationen mathematischer Strukturen im Rahmen logischer Konsistenz begleitet wird. Da diese Mannigfaltigkeit zweifellos unbegrenzt ist, sind nur sehr wenige mathematische Gegebenheiten in der Natur realisiert.

Die Mathematik und die Physik können so zusammen uns zwar lehren, was „im Prinzip" machbar und manipulierbar ist, ohne gegen Naturgesetze und Logik zu verstoßen, aber keineswegs, was tatsächlich in der nicht vom Menschen gestalteten Wirklichkeit vorkommt. Die Erfahrung des Umgangs mit der Wirklichkeit, die wir auch schon aus der prähumanen Sphäre in irgendeiner Form durch die Evolution mitbekommen haben, sagt uns in großen Zügen was tatsächlich vorkommen kann, und bis zu einem gewissen Grade was machbar ist und was nicht – allerdings nur, wenn dieses wertvolle Erbe nicht vom Schutt antiquierter Ideologien überdeckt wird.

H.-J. Treder war mehrere Jahre Direktor des Instituts für reine Mathematik, ein Ausweis für seine anerkannte Kompetenz in mathematics. Man kann heute noch hören, daß die Kollegen Mathematiker, die damals am Institut tätig waren, mit seiner Leitungstätigkeit zufrieden waren, da seine Anwesenheit die normalerweise offenbar unter Mathematikern schwach entwickelte Kommunikationsfähigkeit und -bereitschaft wirksam überbrückt hat.

Da die Mathematik zweifellos mechanisch-elektrische Modelle der Wirklichkeit bearbeiten läßt, die ja bekanntlich großartig funktionieren und brauchbare Resultate liefern, auch schon bevor alle physikalischen Rätsel gelöst sind, hat Jürgen einen wirksamen Kontakt mit der Praxis der Technik über die Mathematik entwickelt. Dieser Kontakt gibt aber nicht alle Seiten der Technik richtig wieder, sondern nur die mit den exakt wissenschaftlichen Zugängen kompatiblen. Aber die Technik ist ja nicht nur das, was exakt wissenschaftlich verständlich ist, sondern auch das, was intuitiv-empirisch erfaßt wurde. Sie enthält auch viele irrationale und emotionale Elemente, die man durchaus als magisch bezeichnen kann; man denke nur an den Kult des Schwertes oder von Pfeil und Bogen und heute an den Kult der Automarken und Personalcomputer, bei dem das Auto oder der Computer das Einkommens- und Standessymbol geworden ist. Für diese magische Seite der Technik hat Jürgen nur *bedingt* Verständnis, obgleich er Sympathie und Verständnis für Wunderrabbis und andere „Seher" hat. Man kann sich aber die Frage vorlegen, ob dies bei der geistigen Weiterentwicklung der Menschen und Überwindung archaischer Ideologien bestehen bleiben wird. Wahrscheinlich wird der Kampf um das Überleben der Menschen das zunehmende Abnehmen dieser antiquierten Auffassungen fordern.

Jürgen Treder gehört wohl schon seit 30 Jahren zu den „international anerkannten Relativisten". Es ist sicher kein Zufall, daß in der Rangordnung fundamentaler Fragen der Physik mit an erster Stelle der Problemkreis steht, der von A. Einstein als „Allgemeine Relativitätstheorie" bezeichnet wurde und vielleicht treffender von W. Fock als der Problemkreis der Trägheit und Gravitation (des größten Geheimnisses der Natur). Zu dieser von vielen Physikern akzeptierten herausgehobenen Stellung hat sicher beigetragen, daß Einsteins Gedanken schon früh hervorragende Interpreten und Kommentatoren fanden, ich nenne nur W. Pauli, H. Weyl, A. Eddington. Sie haben bereits in den 20er Jahren Beiträge geliefert, die durch Tiefe und Breite der Darstellung zahlreiche Physiker für Einsteins Gedanken gewonnen haben. Die Arbeit von W. Pauli in der „Enzyklopädie für mathematische Wissenschaften", das Buch von H. Weyl „Raum, Zeit, Materie" und das von A. Eddington „Über die Mathematik der Allgemeinen Relativitätstheorie" gehören zu den bleibenden Errungenschaften der physikalischen Weltliteratur. Durch sie erst wurden die Gedanken Einsteins „breitenwirksam". Aber die exzeptionelle Rolle dieses Problemkreises ist ja nicht erst im 20. Jahrhundert als überragend bedeutungsvoll anerkannt worden. Es gibt wohl kaum grundlegende physikalische Sachverhalte, die so unmittelbar ohne jeden theoretischen Kommentar, ohne jede Axiomatik in einfachster Form von jedermann selbst vorgeführt werden können: Die Feststellung von Galilei, daß alle Dinge gleich schnell fallen, wenn man vom Luftwiderstand absieht, das Eimer-Experiment von Newton, das die kosmische Verankerung der Trägheit unmittelbar vorführt, der Trägheitskompaß des Foucault-Pendels. Newton selbst hat uns gelehrt, daß, auch wenn wir diese Geheimnisse der Natur nicht weiter zu klären imstande sind, wir doch aufgrund der von ihm formulierten Prinzipien außerordentlich viel Wissenswertes und Nützliches ermitteln können.

H.-J. Treder schloß sich wie oben gesagt A. Papapetrou an. Er schrieb damals selbst, daß er das auf meinen Rat getan hat. Jürgen Treder hatte sich dieser relativistischen Physik verschrieben, ohne das Interesse an anderen bemerkenswerten physikalischen Problemen zu verlieren. Diese seine Vielseitigkeit und Aufnahmebereitschaft hat ihn zu einem allgemein beliebten,

international hoch geschätzten Diskussionspartner gemacht und das Einstein-Laboratorium in Caputh zu einer Stätte der internationalen Begegnung führender Physiker, die für die DDR – und darüber hinaus! – einzigartig ist. Es ist verständlich, daß Jürgen Treder mit seinen Auffassungen über die Rolle der Physik in der Wissenschaft als unmittelbarer Fortsetzer der Gedanken Helmholtz' und Plancks und Einsteins angesehen werden kann, deren Anteil an der Begründung der „großen Berliner Physik" er ja in dem Buch „Physiker über Physiker" dargelegt hat.
Meine Zusammenarbeit mit Jürgen Treder, die seit nunmehr 22 Jahren dauert, kam zustande durch eine Diskussion zwischen Physikern und Mathematikern in unserer alten Klasse, als beide noch zusammen waren (was doch viele Vorteile hatte). Die Ergebnisse dieser Diskussion haben wir 1966 in den damaligen Monatsheften veröffentlicht, und zu unserem Erstaunen wurden sie ungekürzt übersetzt in dem sowjetischen Referateorgan für Mathematik abgedruckt. Es folgte dann eine gemeinsame Veröffentlichung zu Ehren von Nikolaus Kusanus, die uns im katholischen Schrifttum den Ruf eingebracht hat, „Kusanus-Forscher" zu sein. Den Anstoß für die Fortführung unserer Zusammenarbeit gaben dann Kollegen, ich denke nur an Günther Vojta, die meinten, es sei doch sehr interessant, wenn einige „ältere" von uns über Physik in einer Weise schreiben, die der einzelne jüngere um sein akademisches Fortkommen bedachte Physiker glaubt, sich nicht leisten zu können. Die Gaussche „Angst vor den Böotern" ist offensichtlich nicht ausgestorben, wenn man Dirac fragt, wirkte sie auch bei Planck, Heisenberg.
Seit jenen Tagen arbeiten wir eigentlich regelmäßig zusammen über physikalische Probleme, die wir derzeit als noch nicht auf tieferliegende Zusammenhänge rückführbar ansehen und die wir in einer ich möchte sagen „metaprofessionellen" Weise behandeln. Der professionelle Zugang setzt meist das Vorgehen nach einer von Autoritäten anerkannten theoretisch-mathematischen Technologie voraus. Wir wissen aber aus der Geschichte der theoretischen Physik, daß man damit zwar viele nützliche und zum Teil verborgene Zusammenhänge aufdecken aber nicht oder kaum zu neuen Qualitäten vorstoßen kann, die eine produktive Erweiterung unseres Begriffsfundus sind. Funktionierende, erprobte Technologien sind innovationsfeindlich, auch mathematisch-theoretische (und hemmen die Erweiterung unseres Begriffsfundus).
R. v. Mieses schrieb vor 50 Jahren: Die Geheimnisse der Physik lassen sich nicht in ihrem tautologisch-mathematischen Teil aufklären.
Diese Zusammenarbeit mit Hans-Jürgen Treder ist in den letzten 10 Jahren für mich eine echte Bereicherung geworden und gleichzeitig eine Rückkehr auf jene Jugenderlebnisse, die mich bewogen haben, trotz größtem Interesse für technische Dinge mich mit Physik zu beschäftigen. Es war damals die Begegnung mit L. Boltzmanns populären Schriften und der Mechanik von Ernst Mach. Ich habe mich mit Jürgen Treder erstaunlich

schnell verständigt, als ich festgestellt habe, daß ihn eigentlich dieselben Probleme vorrangig interessieren. Vielleicht liegt das auch daran, daß wir beide, wie schon erwähnt, bei Karl Möller Griechischunterricht gehabt haben, der uns gelehrt hat, daß *vor der Philosophie das Staunen kommt, das Staunen über das allgemein als selbstverständlich Hingenommene.* Aber zu diesen unseren Gemeinsamkeiten gehört außer Zweifel auch der Glaube *an die Unerschöpflichkeit des Elektrons und an die Rolle der Physik bei der Herausbildung des dialektischen Materialismus.* Schließlich haben wir, glaube ich, beide gemeinsam den mehrere Jahrzehnte hindurch nicht genügend gewürdigten Reichtum und die Tiefe der Gedanken von M. Planck entdeckt, der für Einstein, Bohr, Laue und für Schrödinger in einem ganz anderen Ausmaß die Autorität in der Physik war, als es zeitweilig in der physikalischen Literatur der 20er bis 30er Jahre dargestellt worden ist. Wir sind beide sicher, daß dieser Nachlaß von Planck bei der 100-Jahr-Feier der Planckschen Entdeckung der Existenz der Elementarkonstante und des Wirkungsquantums die gebührende internationale Würdigung finden wird, und eine mehr als ausreichend substantielle Basis für eine große internationale Veranstaltung gibt.

Jürgen Kuczynski

Hans-Jürgen Treder – ein universeller Gelehrter

Liebe Freunde und Genossen!

Lieber Jürgen!

Ursprünglich wollte ich heute nach Robert Rompe über Dich als Gesellschaftswissenschaftler sprechen. Denn als solchen lernte ich Dich vor einem Vierteljahrhundert in der Zentralen Parteileitung unserer Akademie kennen, und als solchen habe ich von Dir in all den Jahren seitdem so dankbar von mir aufgenommene konstruktive Kritik im griechischen Sinne des Wortes, also Beurteilung, erfahren.
Doch dann erschien mir ein solches Verfahren verfehlt, denn nach den Worten von Robert hätte solch Vorgehen Dich zerrissen in zwei Arten von Wissenschaftler, statt gerade die Bedeutung Deiner Gelehrtenpersönlichkeit als universalen Wissenschaftler hervorzuheben. Der universale Wissenschaftler ist uns als europäische Gestalt seit dem antiken Griechenland bekannt und hat sich bis in das 19. Jahrhundert gehalten, um dann im 20. immer seltener zu werden und dem begehrten Spezialisten zu weichen. Denken wir daran, welch Vorbildern Jürgen folgte.
Der erste universale Gelehrte, der uns in Europa begegnet, war wohl Thales, der sowohl Mathematiker wie Astronom und Ingenieur, zugleich aber ein kluger und offenbar auch schlauer Wirtschaftsfachmann und ein weiser Staatsrechtler war. Nicht wenige Gelehrte solcher Art hat Griechenland hervorgebracht, um uns, bereits tief in seiner Niedergangsperiode, noch Aristoteles, den größten Gelehrten vor Marx, zu schenken.
Und nun machen wir einen Sprung von etwa zwei Jahrtausenden, in die Renaissance. Wohl gab es auch in der Zwischenzeit so manchen kreativen universalen Gelehrten, doch sind sie uns irgendwie fern geworden. Aber wie nah stehen uns heute noch etwa Francis Bacon und Descartes, Leibniz und Newton. Bacon, der höchste Wahrer des Rechts in England und Begründer der Lehre von der Wissenschaftswissenschaft, der an den Folgen eines naturwissenschaftlichen Experiments starb, Descartes, der Mathematiker und Physiker, Philosoph und manches andere als Gesellschaftswissenschaftler, Leibniz, der Begründer unserer Akademie, der in allen ihren Klassen ein in seiner Strahlenkraft einsam leuchtender Stern gewesen wäre, ja und dann Newton, wiederum vor allem Mathematiker und Physi-

ker, zugleich ein sehr genauer Kenner und Politiker des Geldwesens, der jedoch mehr Schriftwerk auf dem Gebiet der Theologie hinterlassen hat als auf naturwissenschaftlichem, ja sich diesem Forschungsgebiet wohl am engsten verbunden fühlte.

Und so geht es weiter bis zu dem großen Naturwissenschaftler Helmholtz, der so klug über Goethe geschrieben, und dem bedeutenden philosophischen Idealisten Dilthey, der, schon ein Mitteldreißiger, Mathematik zu studieren begann, um seine Renaissanceforschung vertiefen zu können.

Noch einmal brachte die Wissenschaft Männer, die Engels in der Renaissance Riesen des Geistes nannte, hervor: unsere Klassiker. Marx, das Genie der Gesellschaftswissenschaften, das zwar von Technik konkret so wenig verstand, daß er beschämt in der Mitte seiner vierziger Jahre auf eine Art Volkshochschule in London ging, um wenigstens einige Rudimente zu lernen, der uns allen aber den Weg gewiesen, die Rolle der Technik im gesellschaftlichen Klassenleben zu begreifen, und der, wie mir Mathematiker, die seinen diesbezüglichen Nachlaß kennen, versichern, zwar nicht auf der Höhe der Mathematik seines Jahrhunderts stand, jedoch die Mathematik, die sich bis in das 18. und ganz zu Anfang noch des 19. entwickelt hatte, philosophisch wie kein anderer vor ihm behandelt hat. Was Engels und Lenin betrifft, so brauchen wir ihre Gestalten als Universalgelehrte, Genies auf dem Gebiet der Gesellschaftswissenschaften und wahrlich einsichtsvolle Kenner der Naturwissenschaften, nicht weiter zu umreißen.

Vielleicht sollte man diese Reihe Deiner großen Vorgänger abschließen mit Einstein, dem größten Naturwissenschaftler unseres Jahrhunderts, ja wohl seit Newton, dem Du in Deinen Arbeiten so viel Raum gegeben hast. Doch sprang Einstein auch ein, als der große Altphilologe Diels starb, um dessen Lukrez-Ausgabe zu vollenden. Nie werde ich auch, insbesondere im weiseren Rückblick, unsere letzte Unterhaltung vergessen, in der wir nach Erledigung einiger politischer Angelegenheiten lange über Hölderlin sprachen und er zweimal darauf kam, wie unverständlich ihm die unsagbare Schönheit, ja fast Raffinesse in ihrer Einfachheit der Gedichte in der Zeit der geistigen Umnachtung wären. Damals hatten weder Einstein noch ich die frühen Arbeiten von Pierre Bertaux, dem französischen Germanisten und Hölderlin-Spezialisten, gelesen, der bis in die erste Hälfte unseres Jahrzehnts immer energischer die These vertrat, daß die sogenannte Umnachtung nur Hölderlins Camouflage war, um seine Ruhe vor Zeitgenossen und Zeitereignissen zu haben. Wie noch heute Einstein auch als Denker über die Gesellschaft in der Sowjetunion geschätzt wird, kann man auch daran erkennen, daß die in Moskau erscheinende Zeitschrift „Neue Zeit" in ihrer Nr. 16 vom April 1988 mit 40 Jahren Verspätung einen Brief Einsteins an sie unter dem Titel „Unsere Differenzen sind belanglos gegenüber der Gefahr, die uns allen droht" veröffentlichte, den er der Zeitschrift um die Wende von 1947/48 sandte. Damals galt bekanntlich Einstein in der Sowjet-

union offiziell als Kosmopolit, imperialistischer Agent und die Allgemeine Relativitätstheorie als Pseudowissenschaft.
Lieber Jürgen, in dieser Reihe hast auch Du Deinen Platz als Universalgelehrter, weit herausragend unter den so ganz wenigen bei uns in unserer Republik, die wenigstens einige Ansätze zum Universalgelehrten zeigen. Doch wenn man bedenkt, wie jung Du noch bist, dann ist unsere Hoffnung berechtigt, daß Du noch eine Stufe höher steigst. Bedenke, daß es Riesen der Kultur gab, die nicht nur bedeutende Universalgelehrte, sondern auch groß als Künstler waren. Zwar sind uns keine Gedichte Platos überkommen, doch ihre Bedeutung können wir ermessen, wenn wir an die wunderbare, ja bisweilen berauschende Schönheit der Sprache denken, die seine wissenschaftlichen Werke auszeichnet. Und so wie wir bei Plato seine Gedichte vergessen und oft das Wunder seiner Sprache nicht bemerken, sondern nur den Gelehrten sehen, geht es umgekehrt bei Leonardo und Dürer, die vor uns zumeist nur als Künstler stehen und nicht als Universalgelehrte. Eine eigenartige Stellung nimmt hier auch Goethe ein, der seine Rolle als Naturwissenschaftler höher einschätzte als die des Dichters und von seiner Bedeutung als Gesellschaftswissenschaftler niemals sprach, obgleich er doch nicht nur ein kluger Wirtschaftsleiter war – ich besitze zum Beispiel die Aktie eines Weimarer Bergwerks, deren Echtheit durch seine handschriftliche Unterschrift bestätigt wird –, sondern auch in seiner Einsicht in die gesellschaftlichen Geschehnisse seiner Zeit ganz Großes leistete, auch wenn er die Weltgeschichte als Folge undurchsichtiger Unsinnigkeiten betrachtete.
Du siehst, Jürgen – bei aller Hochschätzung Deiner bisherigen Leistungen erwarten wir noch vieles von Dir – und wir sind der festen Überzeugung, daß jedes neue Jahr Deines Schaffens für uns, nicht zum wenigsten für Deinen uralten Freund Jürgen, soweit er es noch erlebt, ein Jahr freudiger Erfüllung unserer Wünsche an Dich und für Dich sein wird. Dank Dir, Jürgen, für Deine uns alle so erfreuende Existenz.

Günter Vojta

Über die Mathematisierung der theoretischen Physik

1. *Einleitung*

Unser verehrter Jubilar Hans-Jürgen Treder hat sich im Verlauf vieler Jahre immer wieder in Abhandlungen und Diskussionen zu Problemen der Wechselwirkung zwischen Mathematik und theoretischer Physik geäußert, zum Teil gemeinsam mit Robert Rompe [1, 2]. Dabei hat er auch sehr unorthodoxe Gedanken vertreten, die zwar Widerspruch bei Mathematikern oder Physikern erregten, andererseits aber zu vertieftem Nachdenken und neuen Einsichten über fundamentale Probleme der Physik führten. In starker Erinnerung geblieben sind mir beispielsweise Diskussionen über das Irreversibilitätsproblem der statistischen Physik – über den Widerspruch zwischen der zeitlichen Reversibilität (Invarianz gegen Zeitumkehr) aller physikalischen Grundgleichungen und der Irreversibilität aller makroskopischen Prozesse in Vielteilchensystemen – und über das Kontinuumsproblem der Mathematik und der Physik, das ja bis an die Grenzen des konventionellen Mengenbegriffs nach Georg Cantor führt.
Nun hat Robert Rompe vorgeschlagen, daß man über die Rolle des Unendlichen in der Physik diskutieren solle. Das ist natürlich eine sehr reizvolle und zugleich sehr umfangreiche Aufgabe. Deshalb sei es mir gestattet, zu diesem Problemkreis einige Gedanken vorzutragen, die insbesondere die fortschreitende Mathematisierung der theoretischen Physik betreffen und die aufzeigen, daß man in der heutigen Entwicklung der theoretischen Physik in zunehmendem Maße strenge Mathematik und ganz abstrakte Gebiete der Mathematik benötigt. Dabei ist unter Mathematisierung (Geometrisierung, Algebraisierung) der Physik das fortschreitende Eindringen der Sprache der Mathematik (Geometrie, Algebra) in die Physik zur Beschreibung und zum Verständnis physikalischer Sachverhalte gemeint und nicht etwa beispielsweise das Verschmelzen von Mathematik und Physik oder die Geometrisierung der Physik im Sinne der Allgemeinen Relativitätstheorie [1].

2. *Fraktale*

Eine der erregendsten Entwicklungen in der theoretischen Physik der letzten Jahre ist die Entstehung und vielfältige Anwendung des Fraktalbe-

griffs [3]. Unter einem Fraktal versteht man eine Punktmenge oder ein System mit einer (effektiven) gebrochenzahligen räumlichen Dimension (Hausdorff-Dimension). Zu diesen Mengen gehören beispielsweise Kurven, die überall stetig, aber nirgends differenzierbar sind. Zwar sind derartige pathologische Mengen in der Mathematik schon seit vielen Jahrzehnten bekannt – die berühmte Cantor-Menge ist ein Beispiel dafür – aber man war überzeugt, daß diese Mengen niemals irgendwelche Anwendungen finden könnten. „Diese Funktionen wurden nur speziell dazu ausgeklügelt, die Unzulänglichkeit der Schlüsse unserer Väter aufzudecken; keine anderen Schlüsse als diese werden jemals aus ihnen gezogen werden" (H. Poincaré [4]). Heute spielen fraktale Mengen und fraktale Systeme in sehr unterschiedlichen Gebieten der Physik und Chemie eine ständig wachsende Rolle; sie erweisen sich als außerordentlich fruchtbare und praktisch nützliche Konzeptionen.
Der Fraktalbegriff läßt sich bis heute weder in der Mathematik noch in der Physik streng und allgemeingültig definieren – dies ist ja auch bei zahlreichen anderen Grundbegriffen der Fall. Grob gesagt ist ein ideales (reguläres, mathematisches) Fraktal eine Punktmenge mit einer räumlich „selbstähnlichen" Struktur, z. B. mit vielen Löchern und kleineren Löchern und noch kleineren Löchern derart, daß ein beliebiger kleiner Ausschnitt aus dem Fraktal wieder genau dieselbe Strukturierung zeigt wie das Gesamtfraktal. Ein Musterbeispiel ist (in der Ebene) das Sierpinski-Gewebe oder -Netzwerk (Abb. 1). Es entsteht durch eine unendlich große Zahl n gleichartiger Konstruktionsschritte aus einem massiven Dreieck. Für endliche n liegen nur zweidimensionale Gebilde mit (vielen) Löchern vor; das Fraktal mit der gebrochenzahligen Dimension $\bar{d}$ entsteht erst beim Grenzübergang $n \to \infty$. Die Dimension $\bar{d}$ erhält man am einfachsten, wenn man sich das Fraktal mit einer Masse der Massendichte ϱ belegt denkt und fragt, wie sich die Gesamtmasse M bei Veränderung der Basislänge L verhält. Es gilt dann

$$M \sim L^{\bar{d}} \qquad (1)$$

Abb. 1 Die ersten beiden Konstruktionsschritte zur Erzeugung eines Sierpinski-Gewebes

oder für die fraktale geometrische Dimension

$$\bar{d} = \frac{\ln M}{\ln L}. \qquad (2)$$

Nun ist klar, daß eine unendlich fortgesetzte Verfeinerung der Fraktalstruktur physikalisch keinen Sinn hat; bei der Modellierung etwa eines Polymerennetzwerkes oder eines porösen Festkörpers wird man spätestens beim Atomdurchmesser als Grundlänge aufhören. Hier lassen sich sofort erkenntnistheoretische Probleme, insbesondere zum Verhältnis zwischen Modell und Realität, absehen.

Fraktale zeigen ungewöhnliche Eigenschaften insbesondere in ihrem Verhalten gegenüber Transportprozessen wie Teilchendiffusion oder Elektronentransport [5]. Eine mathematisch fundierte Theorie irreversibler Prozesse in fraktalen Systemen steht noch aus. Dazu könnte man versuchen, mit dem Hausdorff-Maß [3] zu arbeiten. Eine entsprechende praktikable Integrationstheorie existiert aber erst in allgemeinen Ansätzen. Grundlegende offene Fragen betreffen z. B. die Existenz einer Basis in Räumen gebrochenzahliger Dimension oder die Formulierung von Differentialoperationen in derartigen Räumen, jedenfalls bei fehlender räumlicher Isotropie. Es ist beispielsweise auch noch nicht gelungen, für das noch sehr einfache Sierpinski-Netzwerk die Verteilungsfunktion für die Aufenthaltswahrscheinlichkeit diffundierender Teilchen explizit analytisch zu berechnen; möglicherweise besitzt eine solche Funktion selbst eine fraktale Struktur.

Wegen der selbstähnlichen Struktur von (idealen) fraktalen Systemen ist die Renormierungsgruppentheorie ein geeignetes theoretisches Werkzeug [6]. Sie läßt sich im Prinzip ohne Approximationen anwenden – im Gegensatz zur Sachlage in der Theorie der Phasenumwandlungen – und hat bereits zu zahlreichen wichtigen Erkenntnissen geführt. Allerdings handelt es sich dabei oft um Aussagen allgemeineren Charakters, Grenzwertsätze u. ä. [3, 6].

3. *Chaos*

Eine herausragende Entwicklungslinie der heutigen Physik ist die Theorie nichtlinearer Systeme. Bei ihnen sind definitionsgemäß die Wirkungen nicht proportional den Ursachen, und sie werden etwa durch nichtlineare Differentialgleichungen oder Integralgleichungen beschrieben. Unter definierten Bedingungen, z. B. bei genügend hoher kinetischer Energie, können diese Systeme ein sehr irreguläres Verhalten zeigen und beispielsweise völlig chaotische Trajektorien in einem Ortsraum oder Phasenraum aufweisen. Man spricht dann von deterministischem Chaos; dies wird also allein durch deterministische Gleichungen ohne irgendwelche stochastischen Einwirkungen, z. B. thermisches Rauschen, erzeugt.

Chaotische Erscheinungen treten in den verschiedensten Gebieten der Physik und weiterer Naturwissenschaften auf und sind in den letzten Jahren zunehmend in den Mittelpunkt wissenschaftlichen Interesses gerückt; ja, man spricht sogar von einer stillen Revolution, die durch das Eindringen ganz neuartiger Vorstellungen und neuer Konzeptionen in die Physik gekennzeichnet ist [7]. Dabei sind fraktale Mengen (Julia-Mengen, Mandelbrot-Mengen) zu einem wesentlichen Werkzeug für die theoretische Beschreibung chaotischer Erscheinungen in Phasenräumen geworden. Auffällig ist weiter die zunehmende Anwendung so abstrakter mathematischer Disziplinen wie der Zahlentheorie und der algebraischen Geometrie, die zu einem vertieften physikalischen Verständnis des deterministischen Chaos führen [8]. Erwähnt sei hier auch der Einsatz dieser Disziplinen in der Hamiltonschen Mechanik nichtlinearer Systeme mit Solitonenausbreitung [9] und in der statistischen Mechanik von exakt lösbaren Gittersystemen [10].
Ein weiteres Charakteristikum der Theorie chaotischer Systeme und der Theorie komplizierterer fraktaler Systeme (Multifraktale) insgesamt ist das Eindringen allgemeiner Konzeptionen der (mathematischen) Informationstheorie. Unter einem Multifraktal versteht man ein fraktales System, dessen Dimension selbst eine Ortsfunktion ist; es kann durch ein System von verallgemeinerten Dimensionen D_q mit $-\infty < q < \infty$ beschrieben werden [11]. Diese Dimensionen werden folgendermaßen eingeführt. In einem Phasenraum liege eine (fraktale) Punktmenge, s. Abb. 2. Diese Punktmenge wird duch ein Raster von Zellen der Seitenlänge l überdeckt. Einer Zelle Nr. i wird das Gewicht p_i zugeordnet; p_i kann als Wahrscheinlichkeit irgend-

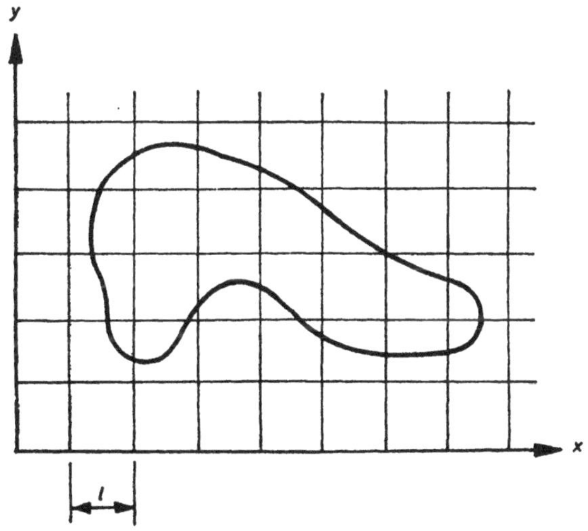

Abb. 2 Überdeckung einer multifraktalen Punktmenge

einer Eigenschaft aufgefaßt werden, z. B. als Wahrscheinlichkeit dafür, daß die Trajektorie eines chaotischen Systems durch diese Zelle läuft. Man setzt $p_i \sim l^{\alpha_i}$, wobei α_i eine lokale nichtganze Dimension ist, und definiert

$$\chi(q) = \sum_i p_i^q = \sum_i p_i \cdot p_i^{q-1} = \langle p_i^{q-1} \rangle$$
$$= \langle l^{\alpha_i(q-1)} \rangle = l^{(q-1)D_q} . \qquad (3)$$

Die Dimension D_q ist damit gegeben durch

$$D_q = \lim_{l \to 0} \frac{1}{q-1} \frac{\ln \chi(q)}{\ln l} . \qquad (4)$$

Spezialfälle sind

$D_0 = \bar{d}$: fraktale Dimension,
D_1: Informationsdimension,
D_2: Korrelationsdimension.

Für einfache Fraktale, z. B. Sierpinski-Netzwerke, gilt $D_0 = D_1 = D_2 = \ldots$, für Multfraktale dagegen $D_0 \geqq D_1 \geqq D_2 \geqq \ldots$ Jeder Dimension D_q ist eine verallgemeinerte Entropie oder Information S_q (Réniy-Entropie) zugeordnet:

$$S_q = -\frac{1}{q-1} \ln \chi(q) , \qquad (5)$$

dabei ist $S_1 = -\Sigma p_i \ln p_i$ die gewöhnliche Information (Shannon-Information) [12].
Verallgemeinerte Dimensionen und Entropien werden zunehmend zur theoretischen Beschreibung von chaotischen Systemen und u. a. von Transport- und Strukturbildungsprozessen bei Multifraktalen verwendet. Auch hier zeigt sich ein Umbruch im Denken der Theoretiker der Physik. Eine Zielrichtung dabei ist das Bestreben, neue allgemeine Strukturmaße zu finden, die über die konventionelle Entropie hinausgehen und gestatten, auch kompliziertere Strukturen zu charakterisieren.

4. *Thermodynamik und statistische Physik*

Strenge Aussagen in Thermodynamik und statistischer Physik können im allgemeinen nur gemacht werden, wenn der sogenannte thermodynamische Grenzübergang zu unendlich großen Systemen (bei Beibehaltung der Werte aller intensiven Zustandsgrößen) durchgeführt wird. Natürlich birgt ein solcher Grenzübergang mathematische Probleme in sich. Andererseits ist er auch physikalisch nicht problemlos, insbesondere bei allen räumlich inhomogenen Systemen oder bei instationären Systemen weit weg vom thermodynamischen Gleichgewicht.

Ein Musterbeispiel für die Notwendigkeit strenger Mathematik ist die Theorie der Phasenumwandlungen von Gleichgewichtssystemen. Phasenumwandlungen aller Art sind durch irgendwelche Singularitäten bestimmter thermodynamischer Funktionen bei der jeweiligen kritischen Temperatur charakterisiert. Die Gibbssche statistische Thermodynamik beansprucht Allgemeingültigkeit, und sie liefert alle thermodynamischen Funktionen beispielsweise aus der kanonischen Zustandssumme

$$Z(T, V, N) = \sum_n e^{-E_n/kT}, \qquad (6)$$

wobei über alle Zustände mit den Energien E_n des betrachteten Gesamtsystems aus N Teilchen zu summieren ist; k ist die Boltzmann-Konstante, T die Temperatur, V das Systemvolumen. Es gilt z. B. für die freie Energie F;

$$F(T, V, N) = -kT \ln Z(T, V, N). \qquad (7)$$

Aber die Exponentialfunktionen in Z und die gesamte Zustandssumme (6) weisen keine Singularitäten auf! Die Sachlage wird erst durch den thermodynamischen Grenzübergang wieder klar. Die Zustandssumme weist dann völlig andere analytische Eigenschaften auf, bekommt Nullstellen, und damit zeigt etwa die freie Energie nach (7) Singularitäten. Dies ist der Inhalt des berühmten Theorems von Lee und Yang [13].

Die sogenannte axiomatische oder algebraische statistische Mechanik [14] arbeitet im allgemeinen von vornherein mit unendlich großen thermodynamischen Systemen. Hier haben sich in den letzten Jahren bedeutende Entwicklungen hin zu einer mathematisch strengen Grundlegung zunächst der Gleichgewichtsstatistik vollzogen, an denen Mathematiker und Physiker gleichermaßen beteiligt waren.

Eines der fundamentalen, nach wie vor diskutierten Probleme der theoretischen Physik ist das Irreversibilitätsproblem, also der scheinbare Widerspruch zwischen der zeitlichen Reversibilität (Invarianz gegen Zeitumkehr, Invarianz gegen Wigner-Inversion) aller physikalischen Grundgleichungen für Einzelteilchen-Prozesse und Felder und der zeitlichen Irreversibilität aller makroskopischen Prozesse in Vielteilchensystemen (mit Ausnahme von idealen elektrischen Supraleitern und Suprafluiden) [15, 16]. Dabei treten verschiedenartige Fragestellungen auf, die ohne strenge Mathematik (Funktionalanalysis, Wahrscheinlichkeitstheorie) nicht zu bewältigen sind. Hier ordnet sich auch die Konzeption einer Halbordnungsrelation für Verteilungsfunktionen oder Dichteoperatoren in Zustandsräumen ein; diese Größen werden „gemischter" im Verlauf von irreversiblen Prozessen [17, 18].

Ein weiteres Kapitel schwieriger Mathematik in der Physik betrifft die Funktionalintegrale. Ihre bekanntesten und historisch frühesten Vertreter sind die Wiener-Integrale der Theorie stochastischer Prozesse und die Feynman-Integrale [19]. Grundlegende mathematische Probleme dazu wurden erst in letzter Zeit gelöst [20]. Wichtige Anwendungen finden diese Inte-

grale insbesondere beim Onsager-Machlup-Prinzip der verallgemeinerten Thermodynamik irreversibler Prozesse [21]. Sie gestatten eine sehr durchsichtige Formulierung aller Prozeßabläufe.
Die formale Geometrisierung der Thermodynamik [22] und der statistischen Physik, insbesondere auf informationstheoretischer Grundlage [23], hat einige Fortschritte gemacht. Das gilt auch für die Quantenstatistik im Rahmen des Wigner-Weyl-Formalismus (Phasenraum-Formalismus) [24], wo vor allem Hamilton-Formalismen und Konzeptionen der symplektischen Geometrie [25] zum Einsatz kommen. Heute werden weite Gebiete der Physik hamiltonisiert", z. B. Hydrodynamik und Plasmadynamik [26]. Auch in die Thermodynamik irreversibler Prozesse haben Hamilton-Formalismen und symplektische Geometrie Eingang gefunden [27].

5. *Ausblick*

Natürlich ist die vorliegende Übersicht in Breite und Tiefe sehr fragmentarisch. Viele Problemkreise wurden bisher überhaupt nicht erwähnt. Dazu gehören z. B. Gebiete der modernen Differentialgeometrie mit den Konzeptionen des Faserbündels und der Lie-Gruppen und Lie-Algebren und Grundlagen der Garbentheorie, wie sie in der Theorie der elementaren Teilchen, aber auch in der Quantenmechanik und Quantenstatistik vor allem in Verbindung mit dem Wigner-Weyl-Formalismus eingesetzt werden. Zu nennen wären u. a. auch Versuche, die Finslersche Geometrie als Verallgemeinerung der Riemannschen Geometrie in der Thermodynamik einzuführen und schließlich, die Riemannsche Geometrie in der Wahrscheinlichkeitstheorie und damit in der statistischen Physik nutzbar zu machen.
Diese immer noch sehr unvollständige Auflistung deutet an, wie stark die Mathematisierung der theoretischen Physik auf den verschiedensten Gebieten fortgeschritten oder in Gang gekommen ist. Der Nutzen dieser Entwicklung ist zweifach. Einmal können damit fundamentale Probleme der theoretischen Physik einer Lösung zugeführt werden. Andererseits bewirken neuartige und vertiefte oder verallgemeinerte mathematische Formulierungen physikalischer Probleme und Theorien auch neuartige und vertiefte Einsichten in physikalische Zusammenhänge. Man kann erwarten, daß der Trend des Eindringens immer neuer mathematischer Teildisziplinen in die theoretische Physik anhält und auch in Zukunft schöne Erfolge zeitigt.

Literatur

[1] H.-J. Treder: Geometrisierung der Physik und Physikalisierung der Geotrie, Sitz.ber. Akad. Wiss. DDR Nr. 14 N (1975).
[2] R. Rompe, H.-J. Treder: Über die Einheit der exakten Wissenschaften, Akademie-Verlag, Berlin, 1982.

[3] B. B. MANDELBROT: The Fractal Geometry of Nature, W. H. FREEMAN, New York, 1982. B. B. MANDELBROT: Die fraktale Geometrie der Natur, Akademie-Verlag, Berlin, 1987.
[4] H. POINCARÉ: La Valeur de la Science, Flammarion, Paris, 1905.
[5] J. KÄRGER, G. VOJTA: Chem. Phys. Let. **141**, 411 (1987); J. KÄRGER, H. PFEIFER, G. VOJTA: Phys. Rev. A **37**, 4514 (1988).
[6] S. HAVLIN, D. BEN-AVRAHAM: Adv. Phys. **36**, 695 (1987).
[7] F. C. MOON: Chaotic Vibrations, Wiley, New York, 1987.
[8] I. PERCIVAL, F. VIVALDI: Physica **25** D, 105 (1987).
[9] P. VAN MOERBEKE: Phil. Trans. R. Soc. Lond. A **315**, 379 (1985).
[10] C. A. TRACY: Physica **25** D, 1 (1987).
[11] G. PALADIN, A. VULPIANI: Phys. Rep. **156**, 147 (1987).
[12] P. GRASSBERGER, I. PROCACCIA: Physica **13** D, 34 (1984).
[13] A. MÜNSTER: Statistical Thermodynamics, Vol. 1, Springer-Verlag, Berlin (West), 1969.
[14] O. BRATTELI, D. W. ROBINSON: Operator Algebras and Quantum Statistical Mechanics, Vol. I, II, Springer-Verlag, Berlin (West), 1979, 1981.
[15] B. GAL-OR (Ed.): Modern Developments in Thermodynamics, Wiley, New York, 1974.
[16] G. VOJTA, in: C. F. VON WEIZSÄCKER als Physiker und Philosoph, Hrsg. H. HÖRZ, K. KANNENGIESSER, Akademie-Verlag, Berlin, 1989 (in Druck).
[17] A. UHLMANN: Wiss. Z. Karl-Marx-Universität Leipzig **21**, 421 (1972).
[18] CH. ZYLKA, G. VOJTA: Z. Naturforsch. **42 a**, 556 (1987).
[19] B. SIMON: Functional Integration and Quantum Physics, Academic New York, 1979.
[20] I. DAUBECHIES, J. R. KLAUDER, T. PAUL: J. Math. Phys. **28**, 85 (1987).
[21] G. VOJTA: Abh. Dt. Akad. Wiss. Berlin, Jahrg. 1967, 183 (Gustav-Hertz-Festschrift).
[22] R. GILMORE: Phys. Rev. A **30**, 1994 (1984).
[23] R. S. INGARDEN: Int. J. Engng. Sci. **19**, 1609 (1981).
[24] R. G. LITTLEJOHN: Phys. Rep. 138, 231 (1986).
[25] V. L. ARNOLD: Mathematische Methoden der klassischen Mechanik, VEB Deutscher Verlag der Wissenschaften, Berlin, 1988.
[26] D. D. HOLM: Physica **17** D, 1 (1985).
[27] U. RENNER, G. VOJTA: Physica A (1989).

Hans-Georg Schöpf

Die philosophische Potenz der Physik

Es freut mich, dem Jubilar heute außer meinen eigenen Glückwünschen auch die der Technischen Universität Dresden überbringen zu können, ist er doch Ehrendoktor dieser Hohen Schule. Sie hat ihn 1975 honoris causa promoviert, obwohl ja die Größe seiner Leistungen nicht gerade in deren technischer Verwendbarkeit begründet ist. Offenbar hat die polytechnische Bildungsanstalt damals erkannt, daß die Physik nicht nur als Förderer der materiellen Kultur Anerkennung verdient. Nein, sie ist auch Bestandteil der geistigen Kultur und will als solcher gepflegt – und wenn nötig, auch verteidigt – werden, als Erscheinung des geistigen Lebens, die ihren Wert in sich trägt, die eigenständig aber nicht isoliert von den anderen Erscheinungen des geistigen Lebens existiert. Welche anderen Erscheinungen? Im Zusammenhang mit Hans-Jürgen Treders Werk gestellt, erweckt diese Frage das Gefühl für ein eigentümliches geistiges Klima, das man wohl als „philosophisches Flair" der Physik bezeichnen kann. Indessen ist das Thema „Physik und Philosophie" zu gewichtig, um in der heute gebotenen Kürze behandelt werden zu können. Deshalb beschränke ich mich darauf, einen einzigen Satz auszulegen, einen Satz, für dessen unbedingte Richtigkeit ich mich nicht verbürgen will, der sich aber, wie mir scheint, gut anhört. Er lautet: Die Physik ist die Fortsetzung der Philosophie mit anderen Mitteln!

Diese These, die sich natürlich auf die Physik als Bestandteil des geistigen Lebens bezieht, wirft sogleich zwei Fragen auf. Erstens: Was wird fortgesetzt und wohin? Zweitens: Welches sind die anderen Mittel, und woher kommen sie?

Ad 1 ist zunächst zu klären, ob logische oder historische Fortsetzung gemeint ist. Setzt die Physik logisch fort, was Philosophie heutzutage gemeinhin treibt, oder setzt die Physik historisch fort, was, bevor es diese Einzelwissenschaft gab, die Philosopie betrieben hatte? Ich denke, in erster Näherung ist das erste zu verneinen, das zweite zu bejahen. Wenn dem wirklich so ist, dann folgt daraus, daß die Philosophie im Laufe ihrer Geschichte, ihren Gegenstand gewechselt haben muß. Und es ist, wiewohl nicht sehr artig, so doch sehr verlockend zu sagen: Dieser Paradigmenwech-

sel erfolgte, weil die Physik – und die anderen Naturwissenschaften – viel besser machen, was die Philosophie ursprünglich wollte.
Freilich ist hier nicht von Philosophie schlechthin zu sprechen. Physikalische Fortsetzung findet zunächst und in erster Linie die griechische Naturphilosophie und Ontologie. Auf sie spezifiziert, wird mein Satz durch die Autorität Erwin Schrödingers gestützt, der im Grunde derselben Meinung Ausdruck gibt, wenn er – einen englischen Philosophen zitierend – schreibt: „Die Naturwissenschaft läßt sich zutreffend kennzeichnen als das Nachdenken über die Natur nach der Weise der Griechen." Auf griechische Weise über die Natur nachdenken, heißt aber, die Welt *rational* aus ihren selbsteigenen Prinzipien heraus zu erklären – im Unterschied zu ihrem *mythologischen*, auf Götter, Geister und Gespenster rekurrierenden Verständnis. Für Physiker ist dieses Programm so selbstverständlich, daß sie seiner Besonderheit kaum noch gewahr werden. Und sie sind sich dessen nicht bewußt, daß dieses Programm, an dem sie fortgesetzt arbeiten, nicht die Physiker, sondern die griechischen Philosophen erfunden haben.
Sie aber verfolgten es im wesentlichen auf viererlei Weise: hylozoistisch, atomistisch, platonistisch, aristotelistisch. Daß die Physik von diesen Richtungen den Atomismus fortsetzt, versteht sich von selbst. Weniger klar ist, daß sie auch im Platonismus – genauer: in einem pythagoreisierenden Platonismus – verwurzelt ist; ja, daß ihre große philosophische Leistung in der Vereinigung dieser beiden anscheinend divergierenden Richtungen besteht
Diese Behauptung mag im Hinblick auf den platonischen Idealismus befremdlich erscheinen. Jedoch sind ja die platonischen Ideen die Urbilder, die ihren blassen Kopien voranstehen, die ihnen gewissermaßen „vorgeschrieben" sind. Und von diesem Punkt gelangt das Denken unschwer zur „Vorschrift", also zu dem allgemeingültigen Gesetz, dem die Materie notwendigerweise folgen muß. Daß aber ein solches Gesetz mathematischer Art sei, diesen Gedanken hatte unter Rezeption pythagoreischer Philosopheme schon die alte Akademie noch zu Lebzeiten Platons gefaßt. Es ist also das Konzept des mathematischen Naturgesetzes, das die Physik vom Platonismus aufgreift und weiterführt. Dagegen meidet sie dessen philosophischen Idealismus, der in Platons Theorie des ontologischen Status der Ideen zum Ausdruck kommt. Grob gesagt und in unsere Begriffswelt übersetzt, geht es dabei um die Frage: Wie bewerkstelligen es die allgemeinen Naturgesetze, daß ihnen die einzelnen Erscheinungen folgen? Nun gibt die Physik hierauf nicht etwa eine nicht-platonische Antwort. Sie stellt sich vielmehr dieser Frage überhaupt nicht, was schon seine Richtigkeit hat, da das aufgeworfene Problem in der Tat einen philosophischen, „meta-physikalischen" (um nicht zu sagen: „metaphysischen") Restbestand berührt. Nichtsdestoweniger finde ich es sehr interessant, – im Unterschied zu denjenigen Kollegen, welche alles Philosophische, das sich den etablierten (und

wohlbewährten) Methoden der Physik verschließt, eben aus diesem Grunde für indiskutabel, wenn nicht für sinnlos halten.
Die Untugend, neben der Physik nichts gelten zu lassen, hat in den engeren Grenzen der Naturwissenschaften eine spezifische Abart hervorgebracht, nämlich den Physikalismus, demzufolge sich alles, Bios und Psyche mitinbegriffen, in Physik auflöst. Aber haben das wirklich die Physiker frei erfunden? Mir scheint vielmehr, als ob sie auch in ihren Untugenden Erben ihrer philosophischen Väter sind. Denn lange bevor es Physik gab, hatte schon Demokrit mit nicht zu überbietender Rigorosität den ganzen qualitativen Reichtum der Welt auf ein quasi-physikalistisches Modell reduziert. Indessen wäre es ganz abwegig, den Abderiten von seinen Übertreibungen und Einseitigkeiten her zu beurteilen. Denn zwar erachtet die Physik heute sein Modell als zu eng, aber in ihrer Ideengeschichte hat es eine gewaltige – und vornehmlich positive! – Rolle gespielt. Und während es heute wohl kaum ein Physiker für opportun erachten würde, sich lauthals zu der von Demokrit inaugurierten rigorosen reduktionistischen Denkweise zu bekennen, wird er doch nicht gern unterschreiben wollen, daß der Physikalismus *in toto* von Übel sei. Er wird darauf bestehen, daß diese Denkweise – wie jeder Irrtum von Format – seinen *relativen* Wahrheitsgehalt hat: Die Physik zielt ja wirklich auf das Fundamentale, das allem anderen zugrunde liegt!
Es verdient festgehalten zu werden, daß das nicht von vornherein klar war. Der vorhin erwähnte (durchaus um Rationalität bemühte) antike Hylozoismus hatte die Merkmale des Lebens und des Bewußtseins *allem* Sein, oder doch bestimmten ätherischen Wesenheiten zugeschrieben, welche die Materie insgesamt organisierend durchwalten. Für ihn also waren Bios und Psyche die primitiven, d. h. nicht weiter erklärbaren, sondern ihrerseits erklärenden fundamentalen Prinzipien. Dementgegen verstand Demokrit Leben und Bewußtsein als Eigenschaften, über die nur Pflanzen und Tiere, bzw. sogar nur Menschen verfügen; und er postulierte ihre Erklärung aus der fundamentalen Struktur und Bewegung einer Materie, der selber jene Eigenschaften durchaus nicht zu eigen sind. Diese tieferliegende Schicht ist die physikalische. Die Physik hat sie erschlossen und hat solcherart die Frage, ob Bios und Psyche oder das Physikalische das Elementare und daher die hiermit oder damit befaßte Wissenschaft die fundamentale sei, zu ihren Gunsten entschieden. Damit steht sie in der Nachfolge Demokrits.
Aber noch in vielerlei anderer, konkreterer Hinsicht ist das der Fall. Daß beispielsweise die Materie auf mikroskopischem Niveau ganz anders gestaltet ist als sie uns makroskopisch erscheint, versteht sich durchaus nicht so von selbst, wie es uns heute dünkt, sondern mußte einmal erdacht werden. Das aber haben die griechischen Naturphilosophen getan, und von ihnen hat Demokrit diesen Gedanken am tiefsten durchdacht. Ihm ist das keineswegs selbstverständliche, aber unserer Physik geradezu konstitutive

Programm zu verdanken, die makroskopischen Erscheinungen von atomaren Konstitutionen und Bewegungen her zu erklären. Daß es dabei auf die *räumliche* Konfiguration von Atomen ankommt, diese Intuition Demokrits ist zwar nicht das alleinige Erklärungsprinzip der gegenwärtigen Naturwissenschaft, jedoch nach wie vor ein ungeheuer wichtiges, insonderheit wenn es um die lebende Materie geht. Wahrhaftig, führe ich mir die räumlichen Modelle der Biochemiker und Molekularbiologen vor Augen, sehe ich, wie der gewaltige Chemismus, als den sie das Leben darstellen, mit einfachen chemischen Codes in linearer Ausführung programmiert ist, vergegenwärtige ich mir, wie die Erbanlagen direkt örtlich lokalisiert sind, so kann ich nur von dem glänzendsten Triumph der demokritischen Doktrin sprechen.
Hinter diesem Triumph bleibt die Diskussion, ob und inwieweit unsere Elementarteilchenphysik in der Nachfolge Demokrits steht, als cura posterior zurück. Nicht, daß der philosophische Ursprung der Idee vom Elementarteilchen ernsthaft in Zweifel gezogen werden könnte. Aber der Unterschied zwischen den Quarks und Demokrits Atomen wäre jetzt als Teilantwort auf die oben aufgeworfene Frage zu klären, *wohin* die Physik die Philosophie fortsetzt. Weitere Teilantworten, die hier ebenso wenig wie die genannte ausgeführt werden können, würde man erhalten, wenn man gegenüberstellte,

– die Relativitätstheorie der von der Philosophie aufgeworfenen Frage nach Raum und Zeit,
– die Kosmologie der von der Philosophie gestellten Frage nach dem Anfang, der Entwicklung und dem Ende der Welt,
– die Quantentheorie der Dialektik von Möglichkeit und Wirklichkeit als dem Kernstück aristotelischer Metaphysik,
– die Unifikation der fundamentalen Wechselwirkungen, dem historisch ersten naturphilosophischen Prinzip, der „arché", dem Urgrund, auf den alles zurückzuführen ist.

Indessen genügt es nicht, nur die „first principles", nur den ans Philosophische gemahnenden letzten Zusammenhalt der Materie ins Auge zu fassen, wenn Physik und Philosophie in Korrespondenz gesetzt werden sollen. Denn im Unterschied zur Philosophie setzt die Physik den geistigen Nachbau der Welt ja von den first principles bis ins konkrete Detail fort. Und sie verfolgt auch die umgekehrte, vom Besonderen zum Allgemeinen verlaufende Richtung! Es ist der Weg der Induktion, und zwar – so fügen wir gleich hinzu, – der Induktion aus Erfahrung. Und noch einmal präzisierend stellen wir fest: Worum es hier geht, ist nicht Erfahrung, die lediglich den Gegebenheiten des Alltags Rechnung trägt, auch nicht eine aus zwar sorgfältigem aber doch passivem Beobachten fließende Erfahrung, sondern eine solche, die aus gezieltem aktiven Eingreifen in die Materie, aus dem manuellen Herbeiführen durchaus artifizieller Situationen erwächst: experimentelle Erfahrung!

Diese Feststellung kann bereits als Teilantwort auf die zweite der oben gestellten Fragen gelten, auf die Frage nach den „anderen Mitteln", mit denen die Physik die Philosophie fortsetzt. Die *experimentelle* Methode also ist das eine dieser anderen Mittel. Das zweite aber ist die *mathematische* Methode. Jedoch beide *allein* konstituieren noch nicht die neuzeitliche Physik. Hinzu kommt vielmehr eine dritte Methode. Oder sogar: Jene beiden kommen zu einer ersten hinzu, die schon lange da war, die über Jahrhunderte von der Scholastik wie nie zuvor und nirgend woanders geradezu mit intellektueller Leidenschaft gepflegt worden war, die keineswegs über Bord geworfen wird, sondern die neuzeitliche Physik mit aus der Taufe hebt. Gemeint ist der wahrhaft philosophische Ernst, mit der die mittelalterliche Gelehrsamkeit gewohnt war, ihren jeweiligen Gegenstand in aller Tiefe *begrifflich* zu *durchdringen*. So gesehen, setzt die Physik die Philosophie auch in methodischer Hinsicht fort.

Ist das auch hinsichtlich der mathematischen Methode der Fall? Die Idee des mathematischen Naturgesetzes, so sagten wir doch, hatten Philosophen antizipiert. Aber sie hatten, so müssen wir an dieser Stelle fortfahren, sie *niemals* konkret *ausführen* können. Freilich waren es auch nicht die Physiker, die das als erste bewerkstelligten: es waren vielmehr die Astronomen. Sie haben seit Eudoxos geometrische – also mathematische – Modelle entworfen, und zwar Modelle, – das ist der entscheidende Punkt, – die Beobachtungsdaten, wirklich *Daten*, erklärten und auch vorhersagten. So ist die Astronomie Geburtshelferin der neuzeitlichen Physik, deren erste völlig neuen und unerwarteten Gesetze dann auch die Keplerschen waren, also dem Bereich der Himmelskunde entstammten und einem wahrhaft heroischen Kampf mit Daten (den tychonischen) zu verdanken waren, einem Kampf der nur gewonnen werden konnte, weil er von Ideen geleitet wurde (die wir nicht daraufhin untersuchen wollen, ob sie noch als philosophische oder schon physikalische zu bezeichnen sind).

Nur eins kann hier nicht übergangen werden: Kepler stellte seine theoretischen Ideen unter das Gericht der Daten, d. h. der quantitativen Erfahrung. Das war durchaus neu. Denn bislang bildeten die empirische und die theoretische Beschäftigung mit dem Himmel keine Einheit. Einmal waren da die mathematici, welche mit der Erfahrung verträgliche geometrische Modelle entwarfen, faktisch das ptolemäische, anhand der Beobachtungsdaten präzisierten und für praktische (astrologische) Berechnungen benutzten. Ihnen gegenüber standen die physici, welche ausführten, wie die Welt in Wahrheit funktioniert, – nämlich so wie es Aristoteles gelehrt hatte. Beides paßte nicht zusammen. Die theoretische Doktrin wurde von der Erfahrung nicht gedeckt. Nun waren die doctores und magistri nicht so töricht, diesen Umstand nicht zu sehen. Nur schlossen sie nicht auf ein Versagen der Theorie, sondern waren eher geneigt, in ihm einen erneuten Beweis dafür zu erblicken, daß das Reich des Geistes unendlich vollkommener als das der Materie ist. Die Welt nicht so zu beschreiben, wie sie ist, sondern so, wie sie sein sollte, – das mag auch als denkbares Wissenschaftsideal gelten. Aber es ist das mittelalterliche!

Die neuzeitliche Naturwissenschaft entsteht dementgegen gerade durch die völlige Umkehrung eben dieser Blickrichtung. Diese Umkehr ist von so grundsätzlicher Art, daß sie nicht mit einem innerwissenschaftlichen Paradigmenwechsel als Ergebnis einer intellektuellen Auseinandersetzung hinreichend erklärt werden kann. Vielmehr wird an dieser Stelle der Rückgriff auf die allgemeinen gesellschaftlichen Hintergründe unumgänglich. Man muß das Auge auf die Genesis kapitalistischer Verhältnisse und bürgerlicher Revolutionen richten; man muß die Eroberung neuer Kontinente und den Aufbruch des Renaissancezeitalters zu geistig neuen Ufern in Betracht ziehen; kurzum, was man reflektieren muß, ist der Übergang von der im Jenseits verankerten mittelalterlichen Feudalordnung zur neuzeitlichen Polarität zwischen absolutistischen Zentralgewalten und Bourgeoisie, deren beider Lebenselexier diesseitige Betriebsamkeit und praktische Unternehmen großen Stils waren.

Allerdings darf man hier nicht kurzschlüssig folgern: Also wenden sich die Gelehrten jetzt praktischen Aufgaben zu. Nein, bekanntlich tun sie sich schwer damit. Und so schlug denn die Geschichte einen anderen Weg ein. Sie schuf zur Bewältigung der praktischen Aufgaben eine neue soziale Schicht künstlerisch-technischer Intelligenz, die sogenannten Artefici oder artifices. (Die Frage, ob hier Parallelen zur Gegenwart bestehen, wäre vielleicht einer soziologischen Untersuchung wert.) Damals konnten die Artefici, deren ruhmreichster Repräsentant Leonardo da Vinci war, mit so überzeugenden Erfolgen aufwarten, daß der traditionelle Gelehrte sich schließlich wie ein Tor vorkam, der nach all seinen Bemühungen so klug als wie zuvor dastand. Daher konnte die überkommene Gelehrsamkeit nicht umhin, sich für die Arbeit der Artefici zu interessieren, wobei ihr nicht verborgen blieb, daß deren erfolgreiche Methode im praktischen Ausprobieren und Versuchen, also im manuellen Eingreifen bestand. Dem nachzueifern wäre für den mittelalterlichen Gelehrten undenkbar gewesen. Aber jetzt, da die Artefici ihr Metier zu großem Sozialprestige gebracht hatten, galt Handanlegen nicht mehr als ehrenrührig. Und so begannen denn auch die Philosophen, die Materie zu manipulieren. Sie kreierten die *experimentelle Methode!*

Indem sie das taten, verwandelten sie sich gewissermaßen aus Philosophen in Physiker, wofür Galilei, der gleichermaßen Professor und artifex war, wohl das schönste Beispiel ist. Allerdings verstanden sich die ersten neuzeitlichen Physiker noch als Philosophen. Sie bezeichneten ihre Laboratoriumsarbeit als „experimentelle Philosophie" und ihr theoretisches Bemühen als „philosophia naturalis". Deren „principia mathematica" schuf bekanntlich Newton, womit er indessen auf theoretischem Geleise eigentlich schon die Weichen in Richtung auf die Physik als einer selbständigen Wissenschaft gestellt hatte. Diesem Trend folgte der Zug der Entwicklung um so entschiedener, als derselbe Newton mit seinen optischen Arbeiten dafür gesorgt hatte, daß die experimentelle Seite der neuen Wissenschaft hinter ihrer theoretischen im Niveau nicht zurückstand. Paradigmatisch steht aber die Emanzipation der Physik für die der neuzeitlichen Naturwissenschaften überhaupt. Die Himmelskunde, deren empirische Seite seit jeher eine eigenständige Disziplin war, gliederte sich, was ihre Theorie anbetraf, der Newtonschen Mechanik ein. Die Chemie, deren atomistische Theorie Dalton noch als „chemische Philosophie" bezeichnete, war mit der Physik institutionell verbunden und teilte deren wissenschaftstheoretischen und -organisatorischen Status. Die biologischen Wissenschaften waren Domäne der Mediziner.

Die Philosophie aber, der solcherart die Erkenntnis der Welt aus der Hand genommen worden war, sah es nun in heroischer Selbstüberwindung als ihre Aufgabe an, die Mittel, mit denen das geschehen konnte, zu rechtfertigen. Im Zentrum der neuzeitlichen Philosophie finden wir nicht mehr die Frage: „Wie ist die Welt beschaffen?" Sondern: „Wie ist Erkenntnis, insonderheit Physik möglich?" – Durch Erfahrung und durch Mathematik gestütztes Denken! Diese beiden Antworten haben Francis Bacon und René Descartes bekanntlich nicht erst in Reflexion auf die naturwissenschaftliche Revolution gegeben, sondern bereits in ideologischer Vorbereitung derselben. Sie haben zwei große philosophische Richtungen, den Empirismus und den Rationalismus, inauguriert, die indessen von sich aus zunächst nicht in breitem Strom zusammenfließen wollten. Ihre faktische Vereinigung vollzog vielmehr Newton, – indem er Physik betrieb! Ihr philosophischer Zusammenschluß geschah infolgedessen in Adaption Newtons – durch Kant! Es war der ältere Kant, der Vernunft und Erfahrung in ein und dasselbe Joch spannte, nachdem sich der jüngere zu einer vielleicht letzten großen Auflage naturphilosophisch betriebener Physik aufgeschwungen hatte, als er nämlich von der zutiefst philosophischen Idee der Historizität her eine Naturwissenschaft vom „ganzen Weltgebäude" konzipierte.

Der ältere, der „kritische" Kant hat alsdann in seinem dedizierten Feldzug gegen jegliche Metaphysik seine berühmte „kopernikanische Drehung" vollzogen, derzufolge die von uns eingangs gestellte Frage, worin denn die Macht der Naturgesetze begründet sei, eine überraschende Antwort fand: Es ist der Verstand, der der Natur ihre Gesetze vorschreibt. Bei allem Respekt vor Kant dünkt uns jedoch dieser Apriorismus zu hart. Deshalb ist es sehr schön, daß Hans-Jürgen Treder und seine Schule in ihrer Kant-Adaption das „relative Apriori" eingeführt haben. Es gestattet ihnen schließlich, auch Bohrs eigenwillige Philosophie in die große Tradition einzuordnen. In ihrem Blick ist die klassische Physik das relative Apriori der Quantentheorie. Ich bin gewiß, daß der Jubilar dieser Formulierung zustimmt. Was sie im einzelnen bedeutet, muß er selber ausführen. Dazu wie zu all seinen Unternehmungen wünsche ich ihm viel Glück und Kraft.

Karl-Heinz Schmidt

Hans-Jürgen Treder und die Entwicklung der Astrophysik in der DDR

Als Hans-Jürgen Treder im Jahre 1966 die Leitung der Sternwarte Babelsberg übernahm, orientierte er das wissenschaftliche Profil dieser Einrichtung weitgehend auf die Erforschung extragalaktischer Objekte. Dieses Vorgehen hatte einmal seine Ursache in seinen persönlichen Neigungen, von seiten der Theorie die Welt als Ganzes zu erforschen, wobei die Untersuchung ferner Galaxien die adäquate Ergänzung durch die Beobachtung war. Zum anderen muß man sich in Erinnerung rufen, daß wenige Jahre zuvor durch das Zusammenwirken der Radioastronomie, die zu jener Zeit erstmals in der Lage war, die Positionen kosmischer Radioquellen mit gleicher Genauigkeit festzulegen wie in der klassischen Astronomie, und der optischen Astronomie die quasistellaren Objekte aufgefunden wurden und Gegenstand heftiger Diskussionen waren. Hans-Jürgen Treder erkannte die Möglichkeit, die in unserem Lande nicht nur durch die Theorie, sondern auch von seiten der Beobachtung mit dem am Karl-Schwarzschild-Observatorium Tautenburg aufgestellten 2 m-Teleskop gegeben waren. Auf Grund seiner Initiative erfuhr in den 70er Jahren dieses Instrument durch die Erschaffung einer prismatischen Korrektionsplatte für die Schmidt-Variante des Teleskops – geschaffen durch das Kombinat VEB Carl Zeiss Jena – eine wesentliche Erweiterung. Wurde es so doch möglich, in relativ großen Himmelsarealen gleichzeitig Spektren geringer Dispersion zu gewinnen, die eine Vorauswahl hinsichtlich interessanter extragalaktischer Objekte gestattete.

Die damals gegebene Orientierung und Profilierung, die im 1969 gegründeten Zentralinstitut für Astrophysik der AdW der DDR fortgesetzt wurde, erweist sich auch heute noch – natürlich mit gewissen Modifikationen – als international tragfähig. Von den Mitarbeitern des Zentralinstituts für Astrophysik wurden in Kooperation mit Einrichtungen der sozialistischen Länder mehrere herausragende Forschungsresultate erzielt, die einerseits einen Beitrag zur Klärung der Aktivitäten spezieller Sternsysteme darstellen, zum anderen für die Erweiterung des Horizonts und damit das Vordringen in ferne Vergangenheit von Bedeutung sind. So gelang es in eingehenden Untersuchungen mit Hilfe von Beobachtungsmaterial, das im

Karl-Schwarzschild-Observatorium Tautenburg gewonnen wurde, Aussagen über die Prozesse des pekuliaren Sternsystems Messier 82 zu treffen. Die Hypothese, nach der M 82 vor etwa 2 Millionen Jahren bei einem nahen Vorübergang an der benachbarten großen Galaxie Messier 81 durch Gezeitenwirkungen Masse aus diesem Sternsystem herausriß, die in das Zentrum von M 82 hineinfiel, wodurch ein „burst" der Sternentstehung stattfand, der in seiner Folge die ungewöhnlichen Eigenschaften des urspünglich kleinen elliptischen Systems veranlaßte, konnte erhärtet werden. Dagegen mußte die konträre Vorstellung einer Explosion im Zentralteil von M 82 ausgeschlossen werden. Neben der im Jahre 1929 durch den amerikanischen Astronomen Edwin Hubble aufgefundenen Beziehung zwischen der Entfernung von Sternsystemen und den in ihren Spektren beobachteten Rotverschiebungen der Absorptionslinien sowie der 1965 von Wilson und Penzias entdeckten kosmischen Hintergrundstrahlung ist die Relation zwischen der scheinbaren Helligkeit und der Anzahl extragalaktischer Objekte pro Flächeneinheit eine wichtige Beobachtungsgrundlage, die Hinweise darauf geben kann, welches der vielen kosmologischen Modelle der Realität nahe kommt. Wie wir heute wissen, sind quasistellare Radioquellen – kurz Quasare – die am weitesten entfernten kosmischen Objekte, die uns bekannt sind, so daß ihr Studium uns am ehesten Aufschluß über die Jugendstadien des Kosmos gibt. Zusammen mit Mitarbeitern des Speziellen Astrophysikalischen Observatoriums Selentschuk wurde diese Beziehung für Quasare erweitert, was einen recht erheblichen Beobachtungsaufwand am 6 m-Teleskop des SAO erforderte.

Zu den Entwicklungen weiterer verschiedener Teilgebiete der extragalaktischen Forschung hat das Zentralinstitut für Astrophysik beigetragen. Dazu gehören Untersuchungen zu Galaxienhaufen, die relativ auffällig sind, da sie auf verhältnismäßig engem Raum eine größere Anzahl von Sternsystemen vereinigen. Für die Durchmesser dieser Häufungen sind Werte um etwa 2–4 Megaparsec charakteristisch, während die Anzahl der Sternsysteme in einem Haufen mehrere Dutzend bis einige Tausende von Objekten umfassen. Mehrere Arbeiten befaßten sich mit der Ableitung der Dichteverteilung in mehr als 100 Galaxienhaufen. Dieses Material bildete die Grundlage für die Überlegungen über die dynamische Entwicklung dieser Objekte. Für mehrere Galaxienhaufen konnten die Helligkeiten der Mitglieder ermittelt werden.

Eine erstaunliche Entdeckung wurde 1977 gemacht. Der sowjetische Astrophysiker Einasto wies darauf hin, daß die Verteilung der Galaxien weitaus inhomogener ist als ursprünglich angenommen wurde. Das von ihm gezeichnete Bild der Zell- oder Bienenwabenstruktur der großräumigen Verteilung von Sternsystemen wurde im Laufe der letzten Jahre dahingehend verfeinert, daß dic Sternsysteme offensichtlich in Filamenten, in plattenförmigen Strukturen und Haufen konzentriert sind, wobei die Haufen offenbar

Knotenpunkte der Verteilung darstellen. Auch zu dieser Erkenntnis wurde von den Mitarbeitern des Zentralinstituts für Astrophysik ein Beitrag geleistet. Das auffälligste Phänomen dieser Verteilung ist die große Anzahl leerer Gebiete zwischen den genannten von Galaxien besetzten Strukturen. Untersuchungen durch eine Gruppe junger Theoretiker läßt hoffen, die Herausbildung dieser Strukturen zu erklären.

Eine der vordringlichsten Aufgaben der extragalaktischen Forschung ist gegenwärtig die Lösung des Problems verborgener Massen. Diese Fragestellung tauchte erstmals in den 30er Jahren durch Untersuchungen von Zwicky und Oort auf, geriet dann nahezu in Vergessenheit und wird seit Beginn der 60er Jahre eingehend diskutiert. Seit dieser Zeit ist die für uns sichtbare leuchtende Materie nur ein geringer Prozentsatz der tatsächlich existierenden Massen im Kosmos. In den letzten Jahren ist – nachdem die Existenz der verborgenen Massen wohl als gesichert angesehen werden kann – die Frage nach der Natur dieser Materie häufig diskutiert worden. Neben Überresten einer heftigen Sternentwicklung in der Frühphase des Kosmos – also während der Entstehung der Galaxien – sind Braune Zwerge und jupiterähnliche Objekte Favoriten unter den von astronomischer Seite vorgeschlagenen Erklärungen, während vorrangig exotische Elementarteilchen von vielen Physikern als Objekte der verborgenen Massen angesehen werden.

Die Untersuchung dieser Forschungsgegenstände sind durch den Jubilar Hans-Jürgen Treder auf Grund seiner Orientierung auf Fragen der extragalaktischen Forschung in Gang gesetzt worden, wofür wir ihm herzlich danken.

Hans-Jürgen Treder

Schlußwort

Die Frage, die Jürgen Kuczynski und Robert Rompe aufgeworfen haben „Was ist ein Intellektueller?", enthält gemäß J. K.'s Schrift mehrere Antworten, von denen mich eine am meisten überzeugt:
Der Herzog von Wellington sagte: „Intellektuelle sind Schreiberseelen".
Wellington distanzierte sich mit seinem dictum auch von einigen Militärs, wie L. Cornelius Sulla, G. Julius Caesar (dessen Skribenten-Tätigkeit jeder im Latein-Unterricht kennengelernt hat) und auch später von Friedrich dem Großen und Napoleon I, die ebenfalls über alle Dinge der Welt und einiges mehr schrieben. (Der Marschall Vauban trat als Politökonom hervor.)
Aber Wellington hatte natürlich Recht: „Wer mit Gusto schreibt (über jedes Thema, das ihn interessiert), ist eben ein Intellektueller". Und in diesem Fall war Wellington über jeden Verdacht der Intellektualität erhaben, genauso wie C. Marius, Gustav-Adolf von Schweden, Karl XII. oder L. v. Blücher. Erst recht waren Attila, Dschingis-Khan oder Timur-Lenk keine „Schreiberseelen".
Auch P. v. Hindenburg war stolz darauf, niemals etwas – außer den Katechismus und den Exerzierreglement – gelesen zu haben, während E. Ludendorff in seinen späteren, wenig erfolgreichen Jahren vieles und sehr schlechtes schrieb. Dagegen war der in seinen späteren Jahren so erfolgreiche Feldmarschall H. v. Moltke zunächst nur als „tanzender General" bekannt, der außer militärwissenschaftlichen Büchern auch laufend Bekenntnisse einer schönen Seele" veröffentlichte.
Von den großen Staatsmännern war natürlich W. I. Lenin eine Schreiberseele. Dies hatten Lenin mit Solon, G. Caesar, Marc Aurel und auch mit Kardinal Richelieu[1], O. Cromwell, B. Franklin, Mirabeau und Th. Jefferson sowie auch mit Sun Yat Sen und P. J. Nehru gemeinsam. W. Churchill empfing den Nobelpreis für Literatur, und Ch. de Gaulle schrieb hochstilisierte Bücher. Aber auch Friedrich der Große und Katharina die Große wollten

[1] Der Kardinal Richelieu war vielleicht bereit, zu verzeihen, wenn man seine politische Integrität und staatsmännische Fähigkeit infrage stellte, aber seine literarischen Qualitäten durfte niemand kritisieren.

in die Literaturgeschichte eingehen. Sogar Bismarck, der sicherlich kein Intellektueller war, formulierte mit seinen „Gedanken und Erinnerungen" einen klassischen Text.

Was nun die Staatsleute betrifft, besteht gegen Wellingtons Definition bereits die Möglichkeit, daß auch wenig schreibende Politiker vieles für den kulturellen Fortschritt getan haben könnten. Wir kennen keinen authentischen Text von Perikles außer seiner „Rede auf die Gefallenen", die uns Thukydides überliefert hat. J. K. verweist jedoch zu Recht auf das Periklessche Zeitalter der Kultur und vergleicht dabei Perikles mit Lenin.

Der Gründer des helleninistischen Ägyptens, Ptolomaeos I. Soter, wurde am Ende seines Lebens eine Schreiberseele, indem er (wie später Sulla) seine Memoiren diktierte. Aber sein Sohn und seine Tochter, Ptolomaeos II. Philadelphos und Arsinoe II. Zephyrites, gründeten das Musaion in Alexandrien. Diese Gründung ist für die Wissenschafts- und Kulturgeschichte sicherlich viel bedeutender als alle eigenen literarischen Werke dieser Könige. (Natürlich hatte auch Arsinoe einige Verse verfaßt; aber man kennt sie nur aus den Gedichten, die Theokritos, Kallimachos und auch noch 200 Jahre später Catull ihr als Gründerin des Musaions gewidment haben.)

Gerbert von Aurillac, der spätere Papst Sylvester II., war seinerzeit – um die Wende des ersten Jahrtausends – der führende Intellektuelle im Occident. Das von ihm formulierte Ziel war, die klassischen und die helleninistischen Texte kennen und verstehen zu lernen.

Gerbert scheiterte als Universitäts-Professor sowohl in Italien als auch in Frankreich durch seine Zumutung, daß die Studenten nicht nur addieren, subtrahieren und multiplizieren, sondern auch dividieren lernen sollten. Wegen letzterer Forderung wurde er von den Studenten aus den Universitäten verjagt. – Die große Karriere von Gerbert wurde dadurch gesichert, daß er Lehrer des späteren Kaisers Otto III. wurde. Hierzu bestellte ihn die Reichsregentin, Ottos Mutter Theophanou, die in „Purpur geborene" byzantinische Prinzessin. Theophanou sprach natürlich sowohl das klassische Griechisch in jeder Variante und beherrschte auch die Koine; das klassische und das vulgäre Latein waren ihr ebenso geläufig. Die Kaiserin konnte viele Texte von Homer, Aischylos, Sophokles, Platon und Aristoteles frei zitieren und auch ins Lateinische übersetzen. Dagegen hat Papst Sylvester um diese Kenntnisse gerungen und versucht, sie durch seine eigenen Werke zu verbreiten. Die Porphyrogenitae war eine hochgebildete Frau, Papst Sylvester hingegen ein bedeutender Wissenschaftler.

Die freundlichen Volkslieder, die die Kaiserin Elisabeth von Rußland gedichtet und komponiert hatte, verlangen noch nicht das Urteil, eine „Schreiberseele" zu sein. Aber die Gründerin der Universität Moskau, die M. Lomonossov göttlich pries und die I. Kant verehrte, kann von dem Verdacht, eine Intellektuelle gewesen zu sein, kaum befreit werden.

Robert Rompe wandte gegenüber J. K. ein, daß es auch Intellektuelle gibt, die keine Schreiberseelen sind. Diese würden sich gemäß R. R. dadurch auszeichnen, daß sie weder fähig noch willens sind, Texte zu schreiben. Nach R. R. sind Intellektuelle damit die Dilettanten, deren unsterblichen Werke deswegen unbekannt geblieben sind, „weil sie sie nicht geschrieben haben".

Angeblich examinierte die preußische Königin Sophie Charlotte G. W. Leibniz über die Urgründe der Welt und das „Warum des Warum". Sie war im Sinne von R. R. eine Dilettantin. So etwas hätten sich weder Arsinoe gegenüber Erathostenes noch Theophanou im Gespräch mit Papst Sylvester erlaubt. Elisabeth Petrovna sagte: „Ich weiß gerade, daß $2 \times 2 = 4$ ist; bei allem weiteren vertraue ich Lomonossov."

Es heißt: „Bilde Künstler, rede nicht". Dieser Spruch ist naturgemäß auf Schriftsteller nicht zu beziehen. Bei den Komponisten könnte man darüber diskutieren, ob die Notenschrift nicht eben auch eine „Schrift" ist, so daß alle Komponisten viel geschrieben haben und sich aber – wie die Mathematiker – durch eine Symbolschrift tarnen. Darüber hinaus haben beispielsweise W. Weber, R. Wagner, R. Strauß, A. Schönberg und B. Bartok auch sehr viele Texte über ihr kompositorisches Werk (und auch Librettos) hinterlassen.

Unter den bildenden Künstlern gibt es nicht nur viele große Theoretiker, die von Leonardo da Vinci, A. Dürer und Vasari bis K. F. Schinkel und Gropius die Theorie ihrer Kunst immer wieder neu schriftlich fixiert haben. Die Sonette von Michelangelo gehören zu den großen Dichtungen der Weltliteratur, und auch B. Cellinis[1] Autobiographie ist ein Werk der Weltliteratur.

Die Stifter der großen Weltreligionen Gautama Buddha, Jesus Christus und Mohammed haben keine Schriften hinterlassen; vielleicht waren sie Analphabeten. Der erste Intellektuelle des Christentums war der briefeschreibende Apostel Paulus. Aber natürlich haben die Religionsstifter Myriaden von Schreiberseelen angeregt. Seit Origines in griechischer und fast 200 Jahre später mit Augustinus in lateinischer Sprache führte die christliche Theologie zur Weltliteratur. Papst Gregor I. der Große begründete um 600 in vielen Büchern ausführlich (und vergeblich) seine Verachtung des Bücherschreibens.

Ebenso entstand zu ihren Zeiten eine buddhistische und eine islamische Theologie mit expandierender Literatur. Man kann dies als einen Erfolg der Intellektuellen deuten, die damit auch um ihr Überleben kämpften. Demgegenüber war Konfuzius eine Schreiberseele, und die Konfuzianer erzwangen für alle Staatskarrieren literarische Examen. – Die bedeutenden Intellektuellen, die zunächst die Thora für das Alte Testament redigierten, begründeten damit auch die intellektuelle Tradition der mosaischen Religion,

[1] Siehe J. K.'s Monographie über „Autobiographie".

wobei sie durch Pseudo-Epigraphen Moses, David und den Propheten Texte der Weltliteratur zuschrieben.
Genauso wie die Theologen müssen auch die Philosophen Schreiberseelen sein. – Die Texte von Platon und Aristoteles definieren das höchste literarische Niveau, wobei Platon auch ein Stilkünstler war. Aber auch Cicero und Lukrez waren philosophische Autoren mit hohen literarischen Ansprüchen. – Beim Umfang der literarischen Produktion waren die Scholastiker (z. B. Thomas von Aquino) kaum zu übertreffen, und in der Renaissance waren Nicolaus Cusanus, F. Bacon und B. Spinoza u. a. auch große Schriftsteller. Leibniz und die Heroen der klassischen deutschen Philosophie von Kant über Hegel bis Feuerbach zeichneten sich u. a. dadurch aus, daß ihr schriftlicher Nachlaß unerschöpflich ist.
Marx, Engels und Lenin schrieben auch viel Philosophisches. Jedoch auch die Epigonen der klassischen Philosophie verfaßten viele Texte von unterschiedlicher Qualität. (Die mittelprächtigen Philosophen R. Eucken, H. Bergson und der bedeutendere B. Russell erhielten den Nobelpreis für Literatur.)
Es gibt natürlich Gegenbeispiele: Sokrates hat wohl niemals etwas schriftlich formuliert; wir kennen ihn durch Platon und Xenophon. Dasselbe gilt auch für Ammonius Saccas, dem Lehrer von Origines und Plotin.
Es ist unumstritten, daß alle Gesellschaftswissenschaftler schreiben müssen; sonst stehen sie wieder unter der Sentenz „Eure unsterblichen Werke kennt deswegen niemand, weil ihr sie nicht geschrieben habt".
Die von Karl Marx zitierten Klassiker der Politökonomie von C. W. Petty bis D. Ricardo, aber auch alle ernsthaften späteren Ökonomen, haben Bibliotheken gefüllt.
Das gleiche gilt a fortiori für die Philologen, Literaturwissenschaftler, Historiker usw. Auch hier haben die großen Meister nicht nur viel geschrieben, sondern literarische Ansprüche an ihre Texte gestellt. (Th. Mommsen erhielt als erster den Nobelpreis für Literatur für seine „Römische Geschichte".)
Alle Gesellschaftswissenschaftler sollten somit Schreiberseelen sein. J. K. hebt in seinen Büchern literarische Leistungen von E. Renan, H. Taine, J. Burckhardt und M. Weber hervor.
Unter den Naturwissenschaftlern gab es seit Aristoteles immer große Schriftsteller, die nicht nur auf den Inhalt, sondern auch auf den Stil ihrer Texte achteten. L. de Buffon sagte, daß „der Stil der Mensch ist" und war damit ein Literat. Aber in den Naturwissenschaften waren nicht nur Buffon, C. v. Linné und A. v. Humboldt große Literaten, sondern die Meister der biologischen Fächer von C. Darwin und E. Haeckel bis heute (J. Monod etc.). Sie schrieben literarisch anspruchsvolle Texte über „alle Dinge der Welt".
Die Mathematiker verfügen – wie die Komponisten – über eine abgekürzte Sprache. Trotzdem waren alle großen Mathematiker seit Eudoxos, Euklid und Erathostenes „Schreiberseelen". Der literarische Nachlaß von L. Euler

z. B. ist unerschöpflich. Und J. D'Alembert, J. L. Lagrange, P. S. Laplace und H. Poincaré waren nicht nur Mitglieder des „Institut de Francé", sondern auch Mitglieder der „Academie Francaise". – Man sagt, daß C. F. Gauss wenig schrieb, aber die Herausgabe seines Gesamtwerkes ist bis heute noch nicht abgeschlossen. Daß die Chemiker J. v. Liebig und W. Ostwald über alle Dinge der Welt und einiges mehr schrieben, ist bekannt.

Die meisten Vertreter der exakten Naturwissenschaften seit J. Kepler, G. Galilei und C. Huygens waren „Viel-Schreiber". Isaac Newton verfaßte nicht nur klassische naturwissenschaftliche Texte, sondern verbreitete sich in unerschöpflichen Volumina über die christliche Theologie. (Newton war eine Schreiberseele.) Alle großen theoretischen Physiker unserer Zeit seit H. v. Helmholtz, J. C. Maxwell und Lord Kelvin verfaßten nicht nur tiefschürfende Texte über ihr Fachgebiet, sondern sie schrieben alles mögliche andere.

In unserem Jahrhundert haben die großen Physiker seit M. Planck und A. Einstein zu allen Dingen der Welt Stellung genommen. N. Bohr, W. Heisenberg, W. Pauli, L. de Broglie und E. Schrödinger erhoben auch den Anspruch, große Literatur zu schreiben.[1] E. Schrödingers Buch „Die Natur und die Griechen" ist ein Klassiker der Weltliteratur. Dies gilt aber auch (zumindest was die Resonanz betraf) für das Buch von A. Einstein und L. Infeld „Die Evolution der Physik" und für W. Heisenbergs Band „Der Teil und das Ganze". – L. Infeld schrieb als Schüler von Einstein nicht nur eine glänzende Einstein-Biographie, sondern auch einen viel diskutierten Roman über E. Galois „Wen die Götter lieben".

Man könnte vermuten, daß in der Experimental-Wissenschaft wenig geschrieben wird. Tatsächlich ist ja auch das Oeuvre von W. C. Röntgen z. B. seitenzahlmäßig nicht sehr umfangreich. Aber auch M. Faraday verfaßte das wunderbare Buch über die „Naturgeschichte einer Kerze" und war deswegen auch eine „Schreiberseele".

J. K., R. R. und ich haben so viel geschrieben, daß wir nach der Definition des „Eisernen Herzogs" uns nicht mehr gegen den Verdacht, Intellektuelle zu sein, wehren können.

[1] Der Briefwechsel zwischen A. Einstein und Max und Hedwig Born war ein literarisches Ereignis.

Autorenverzeichnis

Kautzleben, Heinz, Ordentliches Mitglied der Akademie der Wissenschaften der DDR

Kuczynski, Jürgen, Ordentliches Mitglied der Akademie der Wissenschaften der DDR

Rompe, Robert, Ordentliches Mitglied der Akademie der Wissenschaften der DDR

Schmidt, Karl-Heinz, Prof. Dr. rer. nat. habil., Zentralinstitut für Astrophysik der AdW der DDR

Schöpf, Hans-Georg, Prof. em. Dr., Dresden

Treder, Hans-Jürgen, Ordentliches Mitglied der Akademie der Wissenschaften der DDR

Vojta, Günter, Ordentliches Mitglied der Akademie der Wissenschaften der DDR